数字经济创新驱动与技术赋能丛书

数据战略实践手册
十步落地敏捷务实的数据管理

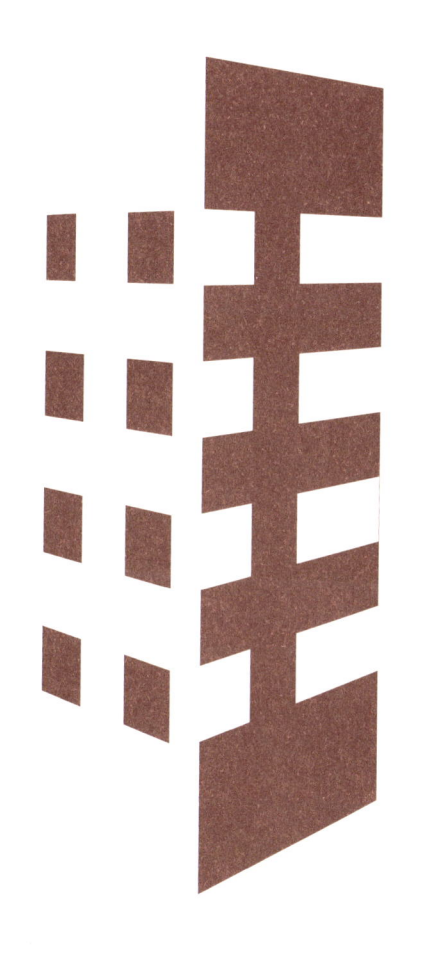

Data Strategies for Data Governance
Creating a Pragmatic, Agile,
and Communicable Foundation
for Your Data Management Practice

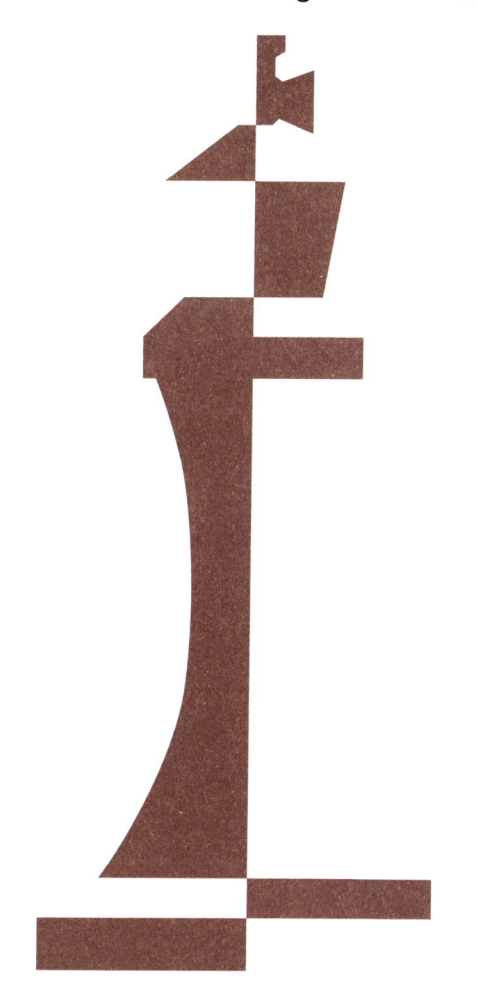

[美] 玛丽露·洛佩兹（Marilu Lopez）著
马欢 等译

机械工业出版社
CHINA MACHINE PRESS

信息化和数字化迅猛发展的今天，数据已成为企业的宝贵资产，如何有效管理和利用数据来支持企业战略决策，是每个企业都必须面对的重大课题。本书作者是 DAMA 国际的副主席玛丽露·洛佩兹，她在信息和数据管理方面有着多年的丰富经验。受到商业模式画布理念的启发，她把商业模式画布技术与数据战略的制定结合起来，提出了**数据战略 PAC**（务实的、敏捷的和易于沟通的）**方法**。本书详细介绍了该方法的背景知识和十步构建数据战略全过程。读者可以利用 PAC 方法一步步构建属于自己的高效数据战略。本书适合数据管理的专业人士以及广大数字经济从业者阅读学习。

Data Strategies for Data Governance: Creating a Pragmatic, Agile, and Communicable Foundation for Your Data Management Practice

ISBN：9781634623797

Copyright © 2023 by Maria Guadalupe López Flores.

Simplified Chinese Translation Copyright © 2025 by China Machine Press Co., Ltd. This edition is authorized for sale in the Chinese mainland (excluding Hong Kong SAR, Macao SAR and Taiwan).

All rights reserved.

本书中文简体字版由 Technics Publications 授权机械工业出版社在中国大陆地区（不包括香港、澳门特别行政区及台湾地区）独家出版发行。未经出版者书面许可，不得以任何方式抄袭、复制或节录本书中的任何部分。

北京市版权局著作权合同登记　图字：01-2023-4748 号

图书在版编目（CIP）数据

数据战略实践手册：十步落地敏捷务实的数据管理／（美）玛丽露·洛佩兹（Marilu Lopez）著；马欢等译. 北京：机械工业出版社，2025.7. --（数字经济创新驱动与技术赋能丛书）. -- ISBN 978-7-111-78554-5

Ⅰ. TP274-62

中国国家版本馆 CIP 数据核字第 2025SJ6501 号

机械工业出版社（北京市百万庄大街 22 号　邮政编码 100037）
策划编辑：张淑谦　　　　　　　　责任编辑：张淑谦　何　洋
责任校对：杜丹丹　张慧敏　景　飞　封面设计：马若濛
责任印制：邓　博
北京中科印刷有限公司印刷
2025 年 8 月第 1 版第 1 次印刷
184mm×240mm·12 印张·1 插页·188 千字
标准书号：ISBN 978-7-111-78554-5
定价：79.00 元

电话服务　　　　　　　　　　　网络服务
客服电话：010-88361066　　　　机　工　官　网：www.cmpbook.com
　　　　　010-88379833　　　　机　工　官　博：weibo.com/cmp1952
　　　　　010-68326294　　　　金　　书　　网：www.golden-book.com
封底无防伪标均为盗版　　　　机工教育服务网：www.cmpedu.com

本书翻译组

组长： 马　欢

组员（按姓氏笔画排序）：

王方方　王　冠　王耀影　牛丛丛
冯子俊　付婷婷　刘贤荣　刘圣威
刘书平　李小青　李　磊　李天池
张冰倩　吴晨辰　周润松　杨海建
高海亮　葛洪波

中文版序

无论组织的规模大小或其所处行业如何，数据都是组织值得珍视的无形财富，更是支撑组织可持续发展的核心战略资产。这一认知正推动着组织将数据全生命周期管理提升至战略高度。

国际标准化组织（ISO）制定的 ISO 55001 资产管理体系标准中，明确定义了战略资产管理计划（Strategic Asset Management Plan，SAMP）的内涵：作为成文信息，它既规定了如何将组织目标转化为资产管理目标，又明确了制订资产管理计划的方法，同时还界定了资产管理体系在实现这些目标过程中的支撑作用。

战略资产管理计划本质上是面向中长期的规划工具，它将自上而下的期望和要求和自下而上的过程与计划在组织战略层面进行衔接。数据管理同样需要战略的支撑与实践，帮助组织确定数据管理目标，给出为实现该目标配置资源的最优路径，并以螺旋上升的方式持续改进这一过程。

《数据战略实践手册》为数据管理的实践者提供了这样的规划工具。本书将数据全过程管理中的各环节实践活动分解为组件与要素，对数据管理目标的达成提供监视与测量的方法。

在国际上，ISO 55013 数据资产管理标准已为组织将数据资产纳入 ISO 55001 资产管理体系进行统筹管理提供了指引。期待《数据战略实践手册》为各类组织持续提升数据管理能力、充分释放数据资产价值提供更具实践意义的指导。

高 昂
全国资产管理标准化技术委员会秘书长
国际标准化组织 ISO/TC 251 对口联系人

译者序

在信息化和数字化迅猛发展的今天，数据已经成为企业的宝贵资产。如何有效地管理和利用数据，以支持企业的战略决策和业务运营，成为每个企业都必须面对的重大课题。从 2019 年以来，各行各业都纷纷开展了数据治理活动，虽然取得了一定的成绩，但是来自业务一线的反馈总是不尽如人意。问题出在哪里呢？

许多企业开展数据治理是基于"合规"驱动的，以解决监管问题为导向；或是一种"凑热闹"和"不甘人后"的心态："别人在开展治理了，我们也要开展。"这样的心态导致企业在开展数据治理活动的过程中，缺乏合格的数据战略指引。要知道，数据治理不是目标，而仅仅是手段，如果数据治理不能服务于业务战略，就很难取得真正的成功。所以，制定合格的数据战略成为数据治理成功的关键。那么，如何制定合格的数据战略呢？

带着这样的问题，我有幸接触到 *Data Strategies for Data Governance* 一书，阅后有一种豁然开朗的感觉。本书作者是国际数据管理协会（简称 DAMA 国际）的副主席玛丽露·洛佩兹，在信息和数据管理方面有着多年的丰富经验。她曾经在工作中也面临同样的困惑，受到商业模式画布理念的启发，她把商业模式画布技术与数据战略的制定结合起来，提出了**数据战略 PAC**（务实的、敏捷的和易于沟通的）**方法**。本书详细介绍了该方法的全过程，读者可以利用这个方法一步步构建属于自己的高效数据战略。

本书的另外一个亮点是"名家访谈"环节：作者邀请了数据治理领域的多位全球知名专家进行深度访谈。这些访谈的内容涵盖了数据治理的各个方面，从战略制定到实际操作、从技术实现到管理艺术，每一篇访谈都带来了宝贵的实战经验和前沿思考。这些专家不仅分享了他们在不同企业中实施数据治理的成功案例，还深入探讨了在面对各种挑战时的解决方案和最佳实践。

在翻译这本书的过程中，我被 PAC 方法的系统性和实用性深深吸引。它不仅适用于大企业，也同样适用于中小企业。希望对本书的翻译能够帮助更多的中文读者理解和应用 PAC 方法，提升企业的数据治理水平，实现数据驱动的业务增长。

最后，感谢参与本书翻译组的各位译者，是你们的专业协作和奉献，给我国的数字经济和数据治理产业提供了充沛的动力，给数据管理专业人士以及广大数字经济从业者提供了一份丰盛的精神食粮。

马　欢　李天池

译者推荐语

数据，作为数字经济时代的"石油"，正重塑商业格局、驱动创新发展。本书正是在此背景下应运而生的，作者深入剖析了数据驱动的核心密码，为读者揭示了如何构建数据智能、实现企业转型升级的路径。让我们一起，在这场数据革命中把握机遇，共同探索数字技术和数据要素双轮驱动的路径！

王 冠

深圳数据交易所副总经理

数据治理的核心在于平衡技术和业务需求，而翻译这本书的过程让我更深刻地理解了这一点。书中反复提到的"文化建设"和"沟通机制"，让我在翻译时也特别注意将这些理念用更具企业管理特色的语言呈现，希望能让读者从中获得启发。

周润松

中国软件评测中心大数据研究测评事业部总经理

翻译本书的过程是一次充满收获的旅程。作者用极其清晰的逻辑和实用的方法论，为复杂的数据治理领域提供了一盏明灯。这种清晰性也激励我在翻译中尽力保持原文的精准与流畅。

吴晨辰

中国科学院地理科学与资源研究所、中国科学院大学

在数字经济加速发展的背景下，数据战略是连接商业价值与数据资产的关键纽带。作为一名长期致力于数字经济研究和人才培养的教育工作者，我认为这是一本极

具前瞻性和实践价值的专业读物。本书系统阐述了数据战略框架、数据治理模型和实施方法，高度契合数字经济时代对复合型人才的培养需求。它不仅能帮助学生理解数据在数字化转型中的核心地位，更能培养他们在数据治理、数据管理等方面的实践能力。书中融入的众多行业案例和专家见解，为产教融合、校企合作提供了丰富素材。作为理论与实践的桥梁，本书不仅适合数据管理从业者阅读，也值得成为数字经济、数据科学等相关专业师生的必读书籍及辅导教材。

王方方

广东财经大学数字经济学院院长

对于企业而言，为实现数字经济时代的高质量发展目标，可以考虑立足企业所拥有的丰富数据资源，不断深耕数据价值的挖掘与应用，加速推动数据资源向新质生产力转化，促进数字经济与实体经济深度融合，本书中的数据战略实践充满智慧，意义深远，值得借鉴！

葛洪波

广东华侨友谊有限公司总经理助理、律师

数据战略围绕的核心始终在于实现数据价值的不断释放，而掌握有效的从战略管理到执行贯彻的方法与技能是从业者的首要追求。本书由理论至实践完整阐述了这一过程，可为数据领域工作者提供有益参考。

李 磊

上海数据交易所副总经理

数据多在生产经营中产生，也是企业发展过程的缩影。数据战略与企业战略息息相关，关于怎样用数据思维辩证看企业演变，可从本书中找到答案。

高海亮

世纪恒通科技股份有限公司总经理助理

感谢我的妈妈,她一直在天堂照顾我。她为我安排了两位天使,组成了一个梦之队:我这段旅程中的好搭档达内特·麦吉利夫雷(Danette McGilvray),以及我最好的英语老师劳拉·塞巴斯蒂安-科尔曼(Laura Sebastian-Coleman)。

感谢米格尔(Miguel)、奥马尔(Omar)和阿德里安(Adrian)的支持。我们将永远拥有 MMOA[○]的力量。

感谢家人和朋友们在这段旅程中的一路鼓励。

实现梦想的不是魔法,而是汗水、决心和努力。

科林·鲍威尔(Colin Powell)

[○] MMOA 是作者全家人名字的首字母组合,代表作者的家族品牌。——译者注

对本书的赞誉

我们都知道，数据将在未来的各种运营活动中发挥越来越重要的作用。在运营活动中应用数据的能力决定了个人或组织的成败。我在这一领域工作了多年，数据战略发展到下一阶段的时机已经成熟。玛丽露迈出了这一步。作为商业模式画布技术的热心拥护者，我非常钦佩她能孜孜不倦地将商业模式画布技术应用于构建数据战略。在这本内容十分丰富的专著中，有许多非常有用的技巧、技术和指导。如何吸引各种利益相关者参与必要的对话，是数据战略构建过程中最困难的方面。需要通过对话以获取信息，并有意地应用这些信息来支持组织战略。书中所描述的方法提供了您需要的详尽指导。

彼得·艾肯（Peter Aiken）
DAMA 国际总裁

这是一本关于数据战略的综合性专著。玛丽露·洛佩兹提出了一种将数据战略与执行管理相联系的方法，填补了该领域迄今为止的一块空白。这本书阐述了如何启动**数据战略**。她并没有把如何创建数据战略仅仅当作一个待烤的蛋糕，相反，她启发读者思考需要什么样的数据战略，以及数据战略应当如何适应组织的挑战和目标。本书的内容非常扎实。在书中，玛丽露·洛佩兹毫无保留地分享了她的学术和文献研究，以及作为思想领袖的经验。因此，她的**数据战略 PAC 框架**不仅基于业界丰富的知识积累，而且能带您更进一步。如果您打算从事数据战略工作，推荐您首先学习玛丽露·洛佩兹的这本书。

哈坎·埃德文森（Håkan Edvinsson）
Informed Decisions 首席技术官、首席顾问

玛丽露·洛佩兹的这本书是对数据治理经典理论的重要补充。许多相关书籍都展示了"是什么"和"为什么",而这本书则教你"如何"构建一个成功的项目。第一部分的目标读者是商业领导者,这本书在向非技术人群宣导数据治理的重要性方面做得很好。但是,这本书真正的价值是提供详细的路线图以及可供实践的实用工具,使实践者可以交付项目成果,以及获取、展示和传达价值。

强烈推荐!

查尔斯·哈伯(Charles Harbour)
惠普数据治理项目经理

如今的大学毕业生认为,技术工作就是选择一种或一套技术来完成工作。他们没有看到这些工作只是更大基础的一部分。我们需要的是一本在更广泛视角塑造 IT 行业的专著。推荐你阅读玛丽露·洛佩兹的这本书,将其作为理解 IT 运作更大框架的起点。

比尔·恩门(Bill Inmon)
Forest Rim Technology CEO

你提出的"务实的、敏捷的和易于沟通的"让我印象深刻。人们对数据管理通常抱有成见:行动迟缓、流程复杂,以及使用令人费解的术语。这本书表明,完全有可能定义一个让所有利益相关者,包括执行人员、管理人员、知识工作者、开发人员和数据专业人员,都可以理解和使用的数据战略。玛丽露向大家展现了为组织提供数据增值所需的一切,并可以根据所在的行业和组织文化进行个性化定制。我期待着将 **PAC 方法**应用到我未来的项目中。

凯伦·洛佩兹(Karen Lopez)
InfoAdvisors 高级项目经理

玛丽露的这本书绝对是一部有价值的巨作,书中提供了开发企业级数据战略的全面指导,这种数据战略务实、敏捷且易于沟通。基于丰富的经验,她认识到大多数组织都无法调动全部人员参与协作,明确一些关键因素(即数据管理、技术、体系结构和治理）协调发展的共识。

她为自己设定并加以解决的难题是：如何根据当前和未来的数据前景和技术机遇来掌控商业利益。她完整地阐述了制定数据战略的 10 个步骤，并详细描述了每个活动的子活动，以及相应的目标和目的。任何有思想的读者都会得出这样的结论：本书对任何层级的指导都非常有意义，例如，谁来做、为什么做、做什么、什么时候做、怎样做等。在整本书中，丰富的图表对该方法进行了有效的总结。基于我的经验，无论是大型企业集团还是新成立的公司，每个组织都可以从实施数据管理评估中获益，因此将其作为战略生命周期初期的基本要求是非常适合的。

在我过去 10 年间的许多数据管理过程中，团队的主要任务之一就包括归纳数据战略，数据战略将数据管理的各种组成学科领域联系起来，促进企业级的思考，这对首席数据官（CDO）至关重要。此外，玛丽露还阐明了如何解构商业战略并将其与数据工作（如数据域、数据架构与数据治理）相协调的关键任务。该阶段的最后一步是开发关键绩效指标（KPI），使管理层能够衡量实现商业战略目标的进展情况。她所描述的数据战略开发阶段具有系统性和连贯性，从而能够有效承载管理数据资产所需的一切。

数据战略画布不仅是一个化解复杂性，并且逐步获得认同的有用工具，而且在概念验证阶段，它还可以作为对各种角色的测试，这种测试最终通过一个整体且富有层次的路线图来规划和实施。

数据战略开发的参与者将扩大并加深整个组织对数据的理解，并从最底层开始了解自己的责任。在此过程中，玛丽露提到并阐明了一些行业术语，如"数据驱动""数据素养"和"数字化转型"。并且，针对我们在会议上常听到的问题，如"数据管理和数据治理有什么区别"，她采用了一种理性、实用的方法进行回答。读者也可以在这本书中找到有证据支持的答案。

如果您的组织已经认识到需要数据战略，我强烈推荐这本书！（别找借口，朋友，你可以的。）

梅兰妮·梅卡（Melanie Mecca）
DataWise 公司首席执行官兼首席企业数据管理（EDM）专家

数据管理实践是不断发展和逐步走向成熟的，数据战略是实践之路的基石。定义数据战略的过程也在随着时间推移而不断发展成熟。玛丽露以一种可实现的过程展现了这一点，即以逐步演化的过程将数据战略纳入业务战略规划之中。

迈克·梅里顿（Mike Meriton）

企业数据管理委员会（EDM Council）联合创始人兼首席运营官

　　这本书收集了大量的指南、模板和方法。这对于开发和支持各种不同成熟度状态下的数据管理功能非常有用。对于数据管理专业人士来说，在如何与业务战略保持一致的过程中，书中用极好的例子和描述回答了"他们为什么要关心"的问题。书中描述的一些场景和想法，教你在通往成功的道路上如何处理各种情况。整个过程中最引人注目的部分是各种画布，这些画布具有易于使用的视觉效果，将各种过程流程连接在一起，同时保持每个文档的可读性和可用性。作为务实的（Pragmatic）、敏捷的（Agile）和易于沟通的（Communicable）三个单词首字母缩写，PAC体现了本书的精髓。该方法具有实用性、可用性和相关性；说它敏捷，是因为它具有内在的使用灵活性，从而可以推动业务和数据管理能力同步发展；最后，它易于沟通，这一特性是通过多种风格的画布得以实现的。书中名家访谈的问题紧贴业务战略，并且让人们对企业中的实际需求有更多的了解。对于那些希望通过数据管理来推动组织进步的人，我强烈推荐将这本书作为一个指导工具。

道恩·米歇尔（Dawn Michels）

DAMA 国际董事会主席

　　在玛丽露·洛佩兹这本关于数据战略的书中，我最喜欢的是 PAC 方法中的"P"（务实的）。这本书没有大量的理论，而是给出了关于如何启动或加强企业数据战略的实际思路。玛丽露的对话式语气使我们很容易理解组织在实施"数据管理"时应该采用不同类型的战略。名家访谈为读者提供了多位知名专家多年来在与不同组织的合作中所获得的实用建议，同时还揭示了数据管理不仅仅是收集和使用数据。首先，你需要的是一个全面的规划——**PAC 方法**。

正如梅兰妮·梅卡在采访中所说："总的来说，数据是永恒的，所以需要永恒的有效管理……"PAC 方法直观且易于理解，能够应对实现永续数据管理的挑战，作为一项新的技术工具，甚至可以承受人工智能发展带来的冲击。

凯瑟琳·诺兰（Catherine Nolan）

DAMA 国际董事会成员

这本书提供了一个直接的方法，这种方法包含了可以实际操作的步骤，可以为任何组织设计良好数据战略。这本书回答了这样一个问题："如何"通过一套关键可交付成果将业务目标与数据战略相结合。对任何希望承担数据领导者角色的专业人士来说，这是一本必读的书。

迭戈·帕拉西奥斯（Diego Palacios）

DAMA 秘鲁分会创始人兼会长，CDMP⊖

终于，大家似乎达成了共识，我们的数据、信息和知识都是有价值的。"信息资产"一词越来越流行了。一家全球酒类公司简单地通过两个单独的举措，就实现了其信息资产的价值。在第一个举措中，通过一些简单工具的开发和实施，例如文件命名规范，该公司实现了每人每年 10800 美元的生产率提高，大约是 10% 的绩效提升。酒厂经理说："在我们的整个投资组合中，没有其他项目能让我们更快地取得更大的成果，员工满意度也更高。"在第二个举措中，该组织评估并出售了收获和产量数据，从而在 3 年内实现了 1200% 的投资回报，并在 13 周内实现盈亏平衡。正如我们这些数据领导者在宣言中所说的那样："你的组织实现有机增长的最佳机会在于数据。"

我们也经常痛苦地意识到，我们的数据、信息和知识是脆弱的。据报道，最近的数据泄露使澳大利亚第二大电信提供商损失了 10% 的移动客户，"56% 的现有客户正在考虑更换运营商"。最近，澳大利亚最大的私人健康保险公司的数据泄露事件使其市值损失了近 20 亿美元。

⊖ DAMA 数据管理专业人士认证。

无论我们是在管理风险或是驱动业务发展，还是两者兼而有之，妥善管理数据对我们都是有益的。应该怎么做呢？我们要从开发并实施良好数据战略开始。这不是空泛的说辞和模糊的意图，也不仅是耀眼的新工具。玛丽露提供了一个易于理解、有工具支持、循序渐进地定义数据战略的好方法。这个宝贵的方法可以指导我们如何评估和保护我们最重要的资产，即我们的数据、信息和知识。任何认真考虑这样做的人，我向你们推荐数据战略 PAC 方法。

詹姆斯·普莱斯（James Price）

Experience Matters CEO 和创始人

几十年来，数据专业人士一直被建议要"更接近业务"，以及"将业务和数据战略联系起来"，但如何做到呢？终于有一本书回答了这个问题！干得好，玛丽露·洛佩兹！

汤姆·雷德曼（Tom Redman）

数据医生，数据质量解决方案公司创始人

在这本书中，玛丽露·洛佩兹将"数据战略"提升到了一个新的高度。她拥有 20 多年的数据治理和管理经验，能够使数据战略从理想走向务实、从松散走向精确、从理论走向实践。**PAC 方法**将逐步指导您成功制定数据战略。对于渴望通过拥有和实施稳健的数据战略来管理"数据资产"这一"竞争优势"的数据专业人士来说，这是一本必读书。

亚历杭德罗·雷洪（Alejandro Rejon）

数据治理专家，DAMA CDMP，ISO 8000 认证数据质量高级经理，金融硕士

这本书作为一本指南，提供了一种有效的方式设计可靠的数据战略，读起来非常过瘾。在这本书中，玛丽露巧妙地填补了一个重要的空白，优雅地展示了她所有的知识、经验和智慧，简化了数据管理中最复杂的任务，创建了一个合理且可实现的数据战略。我已经将该方法中的许多指导付诸实践。我确信，对于那些认为制定和实现长期战略不现实的组织,它将带来巨大的帮助,特别是在拉丁美洲。

大卫·里维拉(David Rivera)
DAMA 厄瓜多尔分会学术发展副总裁

玛丽露的书具有两大看点:首先,她说明了数据战略如何支撑其他目标战略这个问题;其次,她展示了如何使用画布技术来创建一张仅需 1 页的蓝图,让每个人都可以携带它们开展工作。这是一种简单、信息量丰富且非常实用的方法。精彩!

格温·托马斯(Gwen Thomas)
数据治理研究院创始人,DGI 咨询公司负责人

关于作者

玛丽露·洛佩兹是一位墨西哥裔美国公民，出生于美国加利福尼亚州洛杉矶，但从 4 岁起在墨西哥城长大。在成为数据管理顾问和培训师之前，她在金融行业拥有超过 30 年的企业职业生涯。她在墨西哥开创了企业架构实践，这使她聚焦于数据架构，并进一步扩展到数据管理实践领域，专攻数据治理、元数据管理和数据质量管理。数十年来，她一直受困于缺乏一个全面和综合的数据战略。对数据管理的热爱促使她在 DAMA 国际组织的不同岗位开展志愿工作，从担任 DAMA 墨西哥分会主席到成为分会服务机构副总裁。

作为企业家，玛丽露是 SEGDA（Servicios de Estrategia y Gestión de Datos Applicada，数据战略和应用数据管理服务机构）的创始人兼首席执行官。这家墨西哥公司旨在为数据专业人员提供教育培训，并通过定义数据战略和实施运营模型，以支持组织在管理数据的过程中获取价值。

致　谢

毫无疑问，这本书如果没有三位关键人物在时间和空间上的巧合，就无法成为现实。我将永远感激你们：达内特（Danette）、劳拉（Laura）和史蒂夫（Steve）。

我永远不会忘记在 2021 年的圣地亚哥 DGIQ[①] 会议上我们共进午餐的那一天。在新冠疫情之后进行愉快的面对面会议，与令人钦佩的好朋友们见面，并与达内特·麦吉利夫雷共享一张餐桌，感觉真是太棒了。在这次非正式和偶然的聊天中，我向她讲述了我未来写书的梦想。只过了几分钟，她就到我身边指导我如何写书。对于她教给我的关于如何写书和如何出版的宝贵指导，我感激不尽。她不仅给予我这些宝贵的指导，还在我认为这本书毫无用处时给予我持续的鼓励。她对我无价的指导激励着我将我的设想与广大的数据界同仁分享，希望这颗种子能够传播到四面八方，为创造一个拥有更好数据的世界做出贡献。

尽管我出生在美国，但我的母语一直是西班牙语。我面临的最大挑战之一是用英语写这本书，以便能够与数据管理思想领袖们分享并获得他们的反馈。2019 年，当劳拉·塞巴斯蒂安-科尔曼受邀在 DAMA 墨西哥分会年会上演讲时，我有幸见到了她。我了解到她非常友善和平易近人。这促使我将我的写书方案发送给她，与她探讨是否能够吸引读者。当我收到她对我的方案的修改意见时，我对她的反馈中展现的把握细节的能力、洞察力和价值印象深刻。她非常友善地对我的书进行了修订。当我参与协调和编辑 DMBoK 第二版的西班牙语翻译时，我想起了她为此所做的辛勤工作。在写书过程中，生活所给予我的第二个无价的礼物，就是得到了劳拉的支持。她不仅是我能想象到的最好的英语老师，她还代表了英语专家和数据管理思想领袖的宝贵结合。

[①] DGIQ 全称 Data Governance & Information Quality，即数据治理和信息质量。

即使有达内特和劳拉了不起的支持，如果史蒂夫·霍伯曼（Steve Hoberman）不信任我的工作，你现在也读不到这本书。在参与 DMBoK 第二版的西班牙语翻译时，我了解到史蒂夫是多么务实。这是我非常钦佩他的地方。这让我对实现梦想充满了信心。所以，感谢你，史蒂夫，对我和我的工作的信任。

生活给了我机会可以遇到在数据管理领域拥有丰富经验的人和那些真正的思想领袖，正是从他们那里，我学到了在这个迷人的数据世界中我所知的大部分东西。我记得在 20 世纪 90 年代初见到了比尔·恩门（Bill Inmon）。他当时向我工作的银行就我们的数据仓库提供建议。他告诉我一句我永远不会忘记的话："如果你拿起一份报告，却无法说明数据的来源，那就说明你没有做好数据管理。" 29 年后，这段记忆促使我邀请他参加我组织的上一届 DAMA 墨西哥分会年会。令我印象深刻的是他马上就接受了邀请，这次经历令人难忘。本书中对他的采访也得到了他的即时回应，荣幸之至，友谊天长地久。

有些人问我为什么把我生活中的大部分时间都奉献给 DAMA 国际的志愿工作。我的回答是，我通过这种方式获得了非常丰富的经验，并有机会结识了很多优秀的人。在 DAMA 墨西哥分会的第二届年会上，我们邀请了汤姆·雷德曼（Tom Redman）和詹姆斯·普莱斯（James Price），我从他们那里学到了很多东西。汤姆以实用的方式教授数据质量，詹姆斯则讲述了 Experience Matters 公司背后的故事，这些都给了我很大的启发。感谢你们两位通过接受数据战略访谈参与这本书的写作。

在 DAMA 墨西哥分会的第一届年会上，我们邀请了梅兰妮·梅卡（Melanie Mecca）作为特邀演讲嘉宾。我记得我很兴奋地与我在工作中一直在使用的数据管理成熟度模型的负责人共进晚餐。采用数据管理成熟度模型是数据战略 PAC 方法的一个重要组成部分，所以我必须请教梅兰妮关于她在数据战略方面的经验。梅兰妮，感谢你参与并支持我对缺乏数据战略导致的影响的研究。

2021 年的圣地亚哥 DGIQ 会议是我遇到大卫·普洛特金（David Plotkin）的场合，我在课堂上多次提到过他。我记得在 DAMA 国际展位旁边与他聊天。我告诉他关于我的书，以及我希望听到他对数据战略的观点。他同意了接受采访。感谢你所做的，大卫，以及你给予的建设性反馈。

有一种数据治理方法我非常喜欢，那就是哈坎·埃德文森（Håkan Edvinsson）的数据外交。从强制模式转向基于原则的数据治理，并扩展这一功能的影响力以超越数据政策的想法立即引起了我的注意。我非常享受在采访中与哈坎聊天，并能确认我们在看待数据战略方面有一些共识。谢谢你，哈坎。

我写这本书最强的动力来自在 EDW[①] 和 DGIQ 会议上我谈论数据战略 PAC 方法时收到的积极反馈，所以特别感谢托尼·肖（Tony Shaw）给予我分享自己想法的机会。

有几部作品给了我灵感。我要感谢唐娜·伯班克（Donna Burbank），她非常开放地让我引用她的数据战略框架。

我写这本书最大的灵感来自商业模式画布，所以感谢埃里克斯·奥斯特瓦德（Alex Osterwalder）创造并在全球推广它。

我将所有这些想法结合起来形成数据战略 PAC 方法，如果这一方法没有应用于组织的实践之中，就没有任何价值。特别感谢我在最初的公司中实践该方法时的前同事们，拉蒙·埃尔南德斯（Ramon Hernandez）和克里斯蒂安·巴斯克斯（Christian Vazquez），他们是我创办 DAMA 墨西哥分会时认识的同事。谢谢你，拉蒙，你为我找到应用该方法的机会。

在写这本书的过程中，我找到了一个伟大的支持者。他是一个住在澳大利亚的委内瑞拉人，是我最早的读者。作为一个数据治理从业者，他从一个普通读者的角度给出了非常好的反馈。谢谢你，埃里克斯·雷洪（Alex Rejon）！

如果我没有了解 DAMA 国际，我就不会走上这条道路。我非常感激这个了不起的组织以及我遇到的其所有历任和现任董事会成员，他们给了我很棒的经历。

对于所有我的其他测试版读者，格温·托马斯（Gwen Thomas）、凯西·诺兰（Cathy Nolan）、凯伦·洛佩兹（Karen Lopez）、道恩·米歇尔（Dawn Michels）、查尔斯·哈伯（Charles Harbour）、迭戈·帕拉西奥斯（Diego Palacios）、大卫·里维拉（David Rivera）、彼得·艾肯（Peter Aiken）和迈克·梅里顿（Mike Meriton），感谢你们抽出时间阅读我的书，并衷心感谢你们的善意和支持的话语。这让我觉得所有努

[①] EDW 全称 Enterprise Data World，即企业数据世界，是 DAMA 国际的年度峰会。——译者注

力都是值得的。

我很幸运能够遇到克里斯蒂安·因乔斯特吉（Christian Inchaustegui），他能够感受到书中的精髓来设计封面。谢谢你，皮奇（Peech）！我也不能忘记亚伦·托雷斯（Aaron Torres）和卡洛斯·桑切斯（Carlos Sanchez），是你们创建了本书的网站。他们都是奥马尔·佩雷斯（Omar Perez）树屋营销团队的一部分。谢谢你们所有人！

最后但同样重要的是，衷心感谢我亲爱的伙伴米格尔（Miguel），在很多方面都给予我特别的支持和鼓励。

前　言

如果你还没有听说过玛丽露·洛佩兹，让我首先来介绍一下吧！玛丽露在墨西哥的数据管理行业中非常有名，她是 DAMA 墨西哥分会的联合创始人和高级管理人员。她在 DAMA 国际理事会中所做的大量工作使她享有国际名望。她曾在金融行业工作多年，现在作为顾问独立执业，因而掌握了深厚的数据管理专业知识。她精通基础理念，并且有成功实施这些理念的实际经验。我们相信她有足够的资质来撰写这本书。

在 2021 年 12 月 DGIQ 会议的午餐时间，玛丽露分享了她关于数据战略的想法，并介绍了她如何将埃里克斯·奥斯特瓦德的商业模式画布应用于数据领域。开展数据管理需要战略的指导和优先事项的统筹，是我一直秉持的理念。听到她的分享，我对此很感兴趣，并想了解更多。玛丽露已经开发了她的数据战略方法，并正在考虑写一本书。我立即鼓励她。我确信她有独特的东西可以分享，并且她的方法将为数据管理领域做出重要贡献。

我最初的直觉是正确的。数据行业需要这本书，扩展而言，那些我们为之服务的对象也需要这本书。通过书中所阐述的"是什么""为什么"和"如何做"，你将能够充分利用数据战略帮助你的组织取得更大的成功。

最后，让我们一起庆祝，这是拉丁美洲第一本由女性撰写的数据管理类的书。谁比玛丽露更适合传递这个信息并与全世界共享呢？

你准备好了吗？翻开书，开始阅读吧！

达内特·麦吉利夫雷（Danette McGilvray）
Granite Falls Consulting, Inc. 公司总裁
顾问、培训师、演讲者、教练
《数据质量管理十步法：获取高质量数据和可信信息》的作者

目 录

本书翻译组

中文版序

译者序

译者推荐语

对本书的赞誉

关于作者

致　谢

前　言

引　言 1

第一部分　本书场景

第 1 章　数据战略：你真的

　　　　拥有吗？ 14

1.1　在数字化转型时代数据管理

　　扮演的角色 15

1.2　组织如何看待数据战略？ 18

1.3　一个好的起点：什么是

　　战略？ 24

1.4　我们应该期望在数据战略中

　　找到什么？ 26

1.5　关键概念 30

1.6　牢记事项 30

1.7　数据战略名家访谈 31

第 2 章　数据管理成熟度模型：数据

　　　　战略的关键 33

2.1　数据管理成熟度模型的

　　好处 34

2.2 成熟度模型的选择 ………… 36
2.3 基于能力成熟度模型的
    相关性 ……………………… 40
2.4 关键概念 …………………… 41
2.5 牢记事项 …………………… 41
2.6 数据战略名家访谈 ………… 41

第3章 数据战略 PAC 方法：组件 1
    ——数据战略框架 …………… 47

3.1 灵感的来源 ………………… 48
3.2 数据战略框架 ……………… 51
3.3 数据一致性战略 …………… 54
3.4 数据管理战略 ……………… 55
3.5 数据治理战略 ……………… 56
3.6 特定数据管理职能战略 …… 58
3.7 IT 战略的角色 ……………… 59
3.8 变革管理战略的角色 ……… 59
3.9 沟通战略的角色 …………… 59
3.10 战略举措 …………………… 60
3.11 数据源 ……………………… 60
3.12 事务 ………………………… 61
3.13 分析 ………………………… 62
3.14 关键概念 …………………… 62
3.15 牢记事项 …………………… 63
3.16 数据战略名家访谈 ………… 63

第4章 数据战略：哪些人要参与
    进来？ ………………………… 66

4.1 应该由谁制定数据战略？ …… 67

4.2 数据治理负责人：大师级
    协调家 ……………………… 70
4.3 挑选利益相关者 …………… 73
4.4 真正的赞助方不仅仅是
    出资方 ……………………… 74
4.5 关键成功要素 ……………… 75
4.6 关键概念 …………………… 76
4.7 牢记事项 …………………… 77
4.8 数据战略名家访谈 ………… 77

第5章 数据战略 PAC 方法：组件 2
    ——数据战略画布 …………… 80

5.1 商业模式画布，核心灵感
    来源 ………………………… 81
5.2 数据战略的输入 …………… 83
    5.2.1 业务问题 ……………… 83
    5.2.2 与数据相关的痛点 …… 84
    5.2.3 动机 …………………… 85
    5.2.4 需要改进的与数据
         相关行为 ……………… 85
5.3 数据一致性战略画布 ……… 86
5.4 数据管理战略画布 ………… 88
5.5 数据治理战略画布 ………… 90
5.6 特定数据管理职能战略
    画布 ………………………… 92
5.7 数据治理商业模式画布 …… 94
5.8 关键概念 …………………… 96
5.9 牢记事项 …………………… 96

5.10 数据战略名家访谈 …………… 96

第 6 章 旅程：通往有效数据管理计划之路 …………… 99

6.1 教育 ………………………… 101
6.2 评估 ………………………… 103
6.3 数据战略 …………………… 104
6.4 运营模式 …………………… 104
6.5 关键概念 …………………… 105
6.6 牢记事项 …………………… 106
6.7 数据战略名家访谈 ………… 106

第二部分　实施 PAC 方法

第 7 章 数据战略 PAC 方法：组件 3——数据战略循环 …………… 110

7.1 数据战略十步循环介绍 …… 111
7.2 遵循数据战略循环 ………… 116
 7.2.1 步骤 1：定义/审查范围和参与者 …………………… 116
 7.2.2 步骤 2：获取业务洞察力 …………………………… 120
 7.2.3 步骤 3：构建/更新数据一致性战略画布 ………… 124
 7.2.4 步骤 4：构建/更新数据管理战略画布 …………… 129
 7.2.5 步骤 5：构建/更新数据治理战略画布 …………… 133
 7.2.6 步骤 6：构建/更新特定数据管理职能战略画布 … 138
 7.2.7 步骤 7：构建/更新数据治理商业模式画布 ……… 142
 7.2.8 步骤 8：构建/更新三年路线图 …………………… 146
 7.2.9 步骤 9：沟通与交际 … 153
 7.2.10 步骤 10：集成到业务战略规划中 ……………… 157
7.3 关于工具的简单说明 ……… 159
7.4 建立所有要点间的联系 …… 160
7.5 关键概念 …………………… 160
7.6 牢记事项 …………………… 161
7.7 数据战略名家访谈 ………… 161
7.8 结束语 ……………………… 164
7.9 配套网站 …………………… 164

引　言

大多数标题中带有"数据战略"字样的书，其实都在讨论数据分析战略和大数据战略。㊀ 翻阅市面上有关书籍的目录，我注意到典型的模式是从哲学的角度来谈论数据战略，描述它**是什么**以及它**为什么**很重要。一些书籍谈论如何执行数据战略，但关于**如何**定义数据战略，却没有一本书能提供一种分步骤建立战略的方法，而这正是本书将要介绍的——**数据战略 PAC**（务实的、敏捷的和易于沟通的）**方法**。我曾在 Dataversity EDW 2021、DGIQ 2021、EDW Digital 2022 和 EDW Digital 2023 等国际论坛上，在较高层面上介绍了这种方法，并得到了与会者极好的积极反馈。现在我想与更多的数据管理界同仁们分享这种方法的详细内容。

数据战略 PAC 方法聚焦于三个相互依存的概念：

- **数据战略**是组织可获得的最高级别指导，将数据相关活动聚焦于实现明确的**数据目标**，并在面对一系列决策或不确定性时提供方向和具体指导。（Aiken & Harbour，2017）

- **数据管理**是交付、控制、保护并提升数据和信息资产的价值，在其整个生命周期中制订计划、制度、规程和实践活动，并执行和监督的过程。（DAMA 国际，2017）

- **数据治理**是对数据资产管理的授权、控制和共享决策（关于规划、监控和执行）的具体实施。（DAMA 国际，2017）

㊀ 《现代数据策略》（Fleckenstein，2018）；《数据战略与企业数据高管》（Aiken & Harbour，2017）；《数据战略：从定义到执行》（Wallis，2021）；《数据战略：如何从大数据、分析学和物联网中获利》（Marr，2021）；《驱动数据战略：推动全球业务快速成功的终极数据营销战略》（Fawzi，2021）；《AI 和数据战略：发挥人工智能和大数据的商业潜力》（Marshall，2019）；《数据战略》（Adelman，2005）；《医疗卫生组织的数据战略画布》（Walters，2019）。

数据管理大厦（图1）展示了上述三个概念之间的关系。大厦代表一个组织，数据管理代表了大厦的基础，数据管理的所有职能被数据治理这一核心职能所环绕。大厦各楼层的每个房间代表组织单位。大厦能够保持稳固，源自其坚实的基础，即每个楼层的数据管理员和每个房间的住户都需要遵守的数据制度，这就是数据治理对大厦的进一步支撑。四个支柱包括数据治理运营模型、数据架构运营模型、元数据管理运营模型和数据质量运营模型，它们强化了大厦结构，以防止其倒塌。

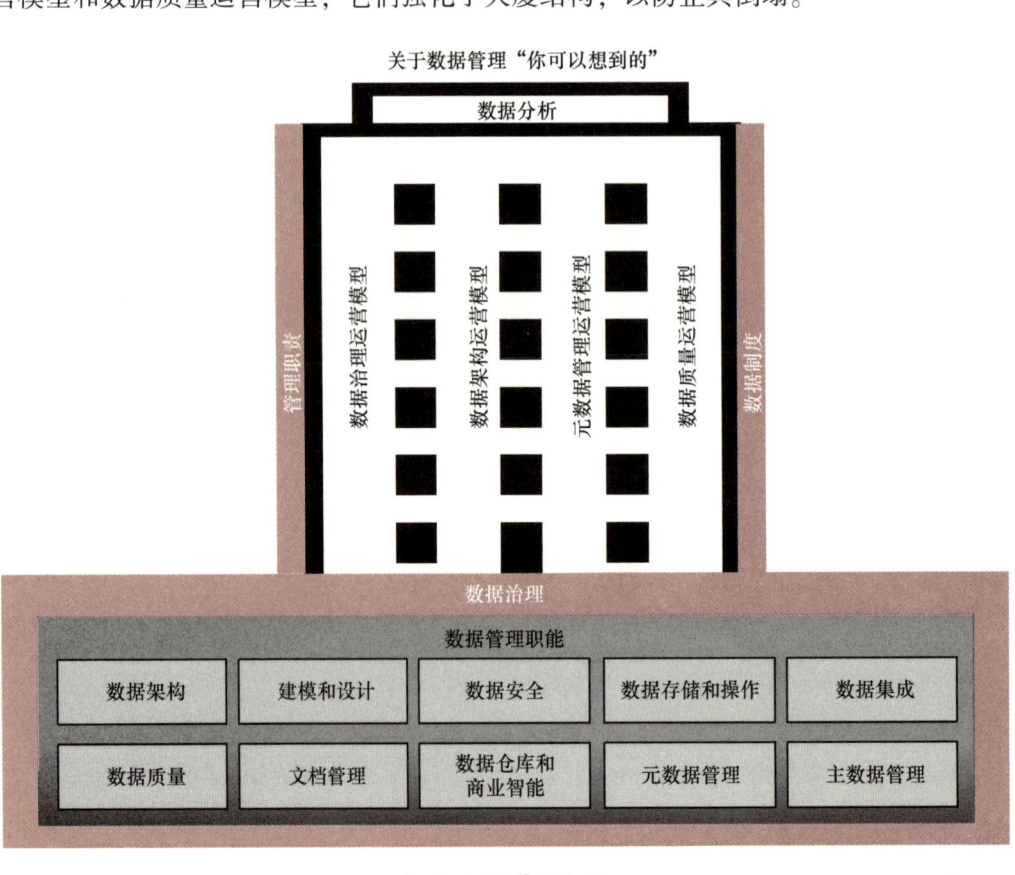

图1 数据管理大厦

根据数据战略框架（见图2和图3），数据战略是指导整个建筑从地基到屋顶构建的核心指南。数据战略画布是向施工人员传达这一指南的蓝图。数据领导者（如首席数据官、数据治理负责人）是施工现场经理。通过本书，您可以找到关于数据战略框架、用于记录数据战略的画布，以及数据战略生成和维护过程具体步骤的详细解释。

数据战略PAC方法

务实的、敏捷的、易于沟通的

❶ 一个数据战略框架，用于指导企业战略的一致性

❷ 利益相关者定义的一套数据战略画布

❸ 一个数据战略循环有效的数据战略十步法

图2 数据战略PAC方法的组件

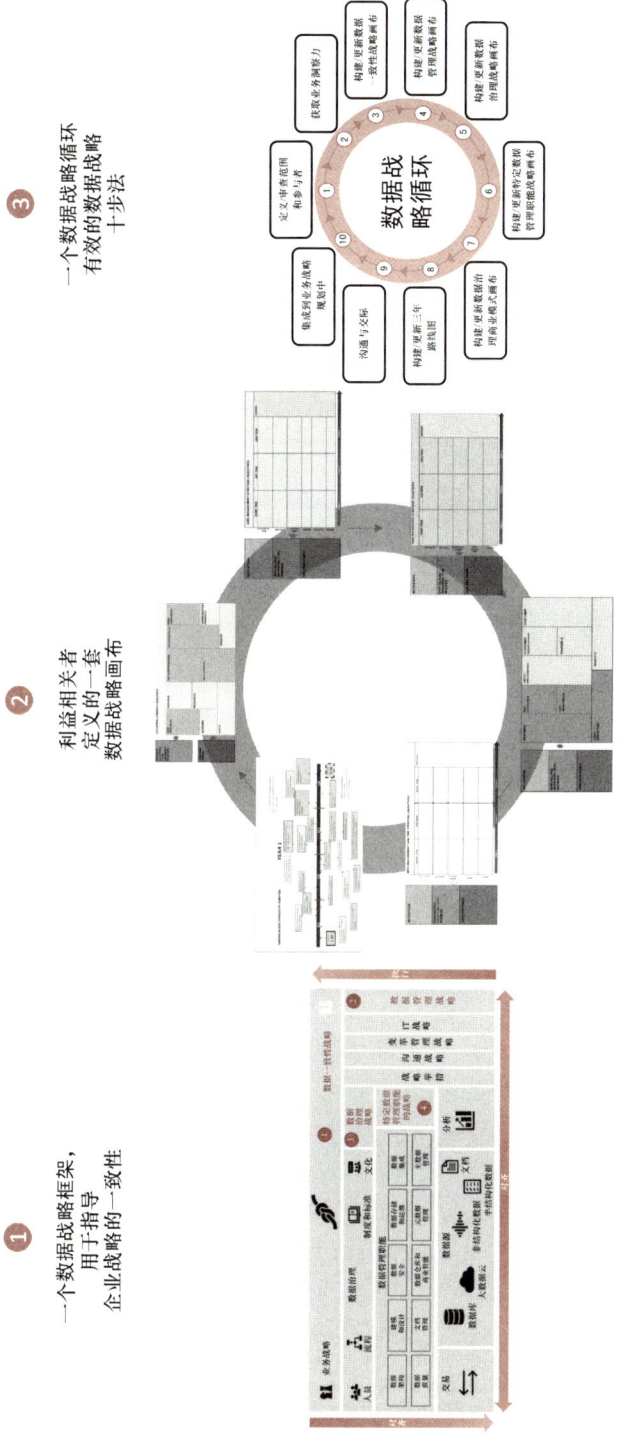

Copyright © 2023 María Guadalupe López Flores., Servicios de Estrategia y Gestión de Datos Aplicada, S.C., segda.com.mx

❶
一个数据战略框架，
用于指导企业战略的一致性

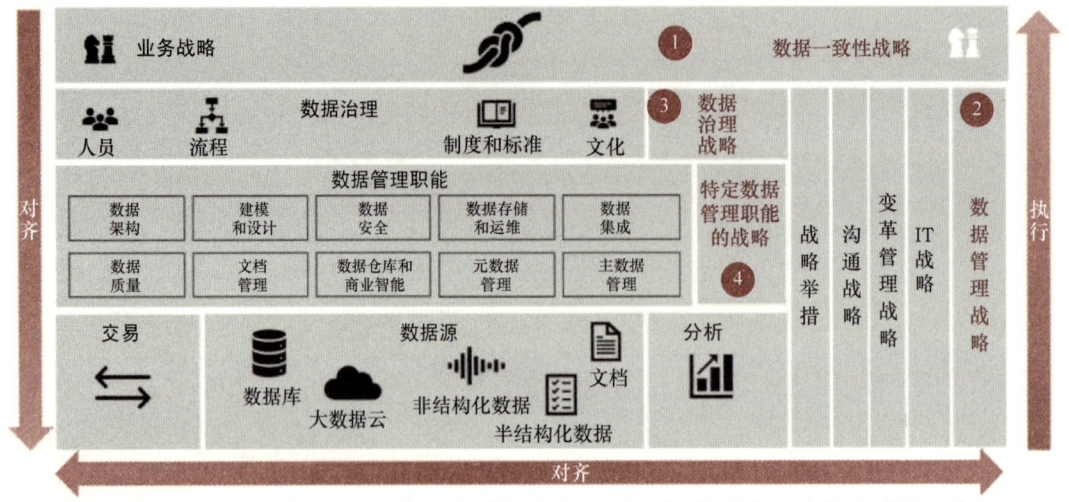

图3 组件1：数据战略框架

在我32年的金融行业职业生涯中，一半时间都致力于与数据管理相关的主题。在那些年里，我曾见过各种不同的数据战略。我不确定在数据战略中应该包括什么，但我可以看出它们是不完整的，并且与业务优先事项不匹配。2019年"退休"后，我希望保持头脑的活跃，于是开始了作为数据管理顾问和培训师的旅程。我的第一个任务就是定义一个数据战略。我不知道如何做，所以在互联网上查找具体的方法。尽管没有找到完全符合要求的内容，但这个过程让我受到了很多启发，拓展了我的思维。

环球数据战略有限公司（GDS）[一]的框架是我的数据战略灵感来源之一，该框架受到唐娜·伯班克（Donna Burbank）的启发。从这个框架中，我学到了如何将数据战略与企业战略联系起来。

[一] Global Data Strategy, Ltd.'s（GDS）Framework，http://globaldatastrategy.com/

此外，国际数据管理协会（DAMA 国际）[一]也是我的一个灵感来源。DAMA 作为一个非营利的、与供应商和技术方保持中立的专业组织，开发了一套全面的数据管理框架，这套框架[二]自 2012 年以来一直指导着我的工作（参见 DMBoK 第二版（2017）[三]）。我曾经深入参与 DMBoK 西班牙语版本的协调和翻译工作。甫一开始，我是通过学习如何开展数据治理实践而了解到这个组织的，自此我就与 DAMA 就建立了长期的合作关系。

另一个灵感来源是《DCAM 的数据管理能力评估模型指南 2.2》（企业数据管理委员会，2021）。[四] 作为该指南的西班牙语翻译之一，我对其也有深入的了解。

然而，对我灵感最大贡献的是埃里克斯·奥斯特瓦德的商业模式画布。[五] 2006 年，我在为墨西哥一所大学设计的一门企业架构课程中首次接触到奥斯特瓦德的方法，并自那以后一直在使用。奥斯特瓦德模拟艺术家使用的画布，无论一个组织的规模和所属行业如何，都可以在一张幻灯片上快速展示理解该组织商业模式所需的一切信息。如果画布能够成功记录商业模式，为什么不能成为撰写数据战略的一个有力工具呢？

这些灵感启发我设计了一种使用画布来撰写数据战略的方法，每张画布都可以在一张幻灯片上清晰地展示要做什么，使用什么组织结构，包含哪种类型的数据，涉及哪些举措，以及展示进展和有效性的衡量指标。**数据战略 PAC 方法**包括三个组件：一个数据战略框架、一套数据战略画布和一个数据战略循环（图 2）。

- **数据战略框架**是**数据战略 PAC 方法**的第一个组件（图 3）。它的理念是不存在一个包罗万象的单一数据战略。这个框架展示了不同类型的数据战略之间及其与组织其他战略之间的关系。我们将在第 3 章中对该框架进行详细讨论。

[一] Data Management Association International，https://www.dama.org
[二] DAMA's Framework，https://www.dama.org/cpages/dmbok-2-wheel-images
[三] DAMA DMBoK 2nd Edition，https://technicspub.com/dmbok/
[四] Enterprise Data Management Council -DCAM Framework，https://edmcouncil.org/frameworks/dcam
[五] Alexander Osterwalder，https://www.alexosterwalder.com/；Business Model Canvas，https://bit.ly/3LSV4bb

- 企业的现实情况让我了解到与利益相关者进行有效的沟通是相当艰难的，吸引他们的注意并获得支持需要采用务实、敏捷和清晰的方法。这就是为什么我开发了第二个组件——**数据战略画布**，用于描述各种类型的数据战略（图 4）。我们将在第 5 章中详细介绍这些画布。

❷

利益相关方定义的一套
数据战略画布

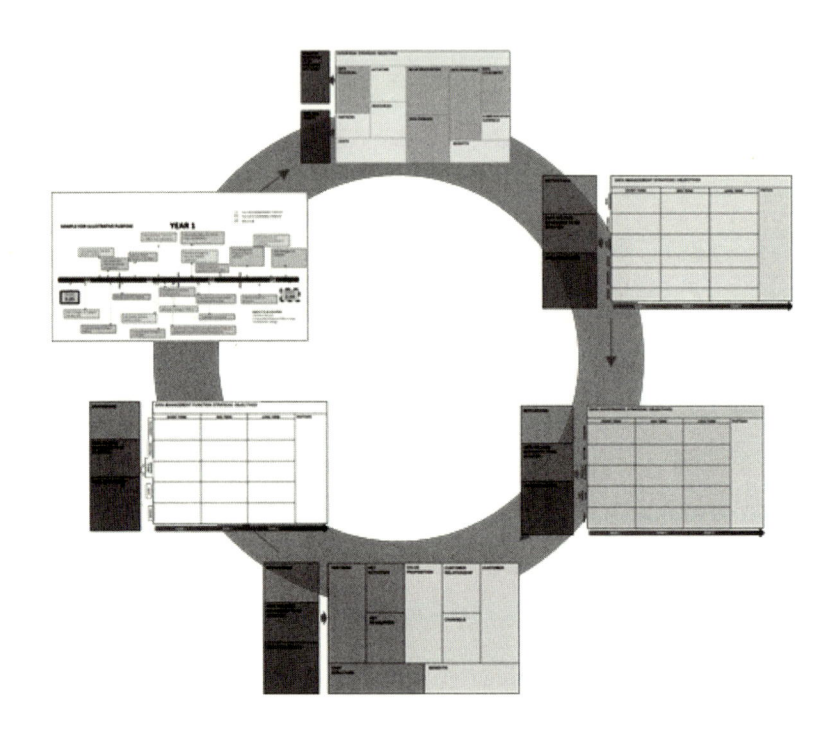

Copyright © 2023 Maria Guadalupe López Flores., Servicios de Estrategia y Gestión de Datos Aplicada,S.C., segda.com.mx

图 4　组件 2：数据战略画布

- 第三个组件是**数据战略循环**。这是一套每年都要遵照执行的十个步骤，以保持战略的一致性（图5）。我们将在第7章中介绍这个循环。

一个数据战略循环
有效的数据战略十步法

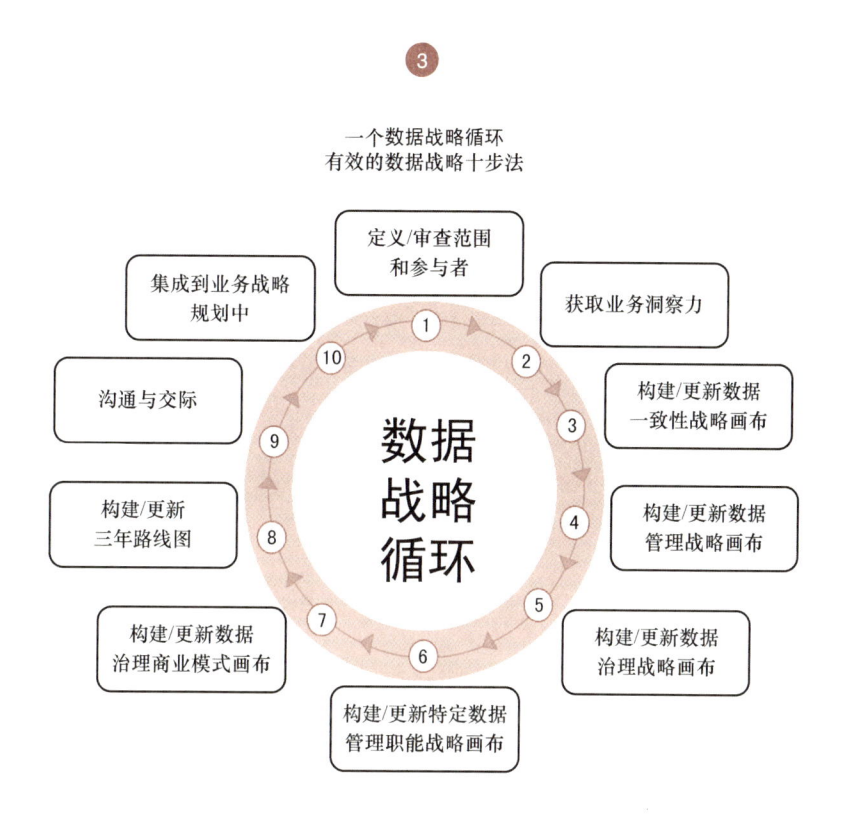

- 1 定义/审查范围和参与者
- 2 获取业务洞察力
- 3 构建/更新数据一致性战略画布
- 4 构建/更新数据管理战略画布
- 5 构建/更新数据治理战略画布
- 6 构建/更新特定数据管理职能战略画布
- 7 构建/更新数据治理商业模式画布
- 8 构建/更新三年路线图
- 9 沟通与交际
- 10 集成到业务战略规划中

图5　组件3：数据战略循环

自2019年以来，我已经在不同行业的几个组织中应用了这种方法。我创建了SEGDA（战略和应用数据管理服务机构的西班牙语缩写）——一家总部位于墨西哥但为不同地区客户提供远程服务的咨询公司。SEGDA专注于帮助客户定义他们的数据战略，以及实施数据管理运营。通过这些真实的案例，我得以逐步完善这一方法。

2021年、2022年和2023年，我在EDW上介绍了**数据战略PAC方法**。由于新冠疫情的影响，这三次会议都是线上举行的，但我收到了与会者非常积极的反馈。2021年的DGIQ会议是在圣地亚哥举行的线下会议，我能够从座无虚席的观众中感受到他们的积极反应。在2022年的EDW线上会议之后，收到的评论给予我力量，让我知道这是一条正确的道路，如能设法把 40 分钟内讲述的故事转化为一本书是值得的，这本书有足够的细节教你使用这种方法，但不会给你带来冗长的理论负担。我希望你会觉得这本书有帮助。

根据我之前工作中的所见所闻，以及我从培训学员那里获得的反馈，我发现找到与业务战略目标一致的数据战略是很难的。关于拥有与业务目标一致的数据战略的重要性，很多高级管理人员也缺乏认识。大多数组织还没有将数据视为企业战略性资产。

自 2017 年以来，我在数据管理职业旅程中遇到了一些专家，甚至有幸与其中一些人成为朋友。这些专家对数据战略在实现成功数据治理方面的作用都有着自己的看法，我认为读者们一定也会对此感兴趣，所以我向他们提出了一些问题。很荣幸有机会采访到比尔·恩门、梅兰妮·梅卡、詹姆斯·普莱斯、哈坎·埃德文森、汤姆·雷德曼、大卫·普洛特金和达内特·麦吉利夫雷。您将在本书每一章的末尾看到对他们的采访。

如何使用本书

本书可划分为两个部分（图 6）：

- 第一部分提供了理解**数据战略 PAC 方法**背后的概念和原理的背景，描述了组件 1 数据战略框架和组件 2 数据战略画布。
- 第二部分描述了**数据战略 PAC 方法**的组件 3 数据战略循环，重点关注的是方法的实施过程。

有些读者希望跳过第一部分，直接进入数据战略循环。但我强烈建议先阅读第一部分，以了解每个循环步骤的动机和支持内容。此外，在第一部分的每个章节中都将学习到一些具体的内容和知识要点。设计这些章节是为了在按顺序阅读时能够讲述一个连贯的故事。

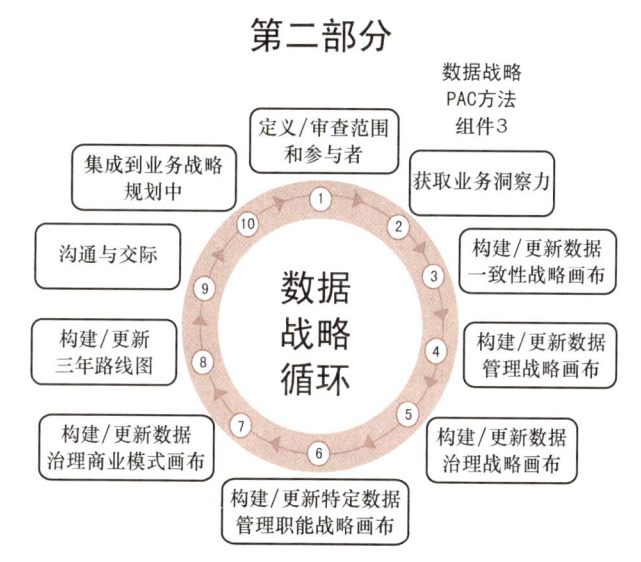

图 6　本书地图

在每章的开头都可以看到本书地图，指示您在阅读之旅中所在的位置。在第二部分中，每个步骤描述前都包括一个数据战略循环地图，指示您当前内容在循环中的位置。

黑体规则：本书中与数据战略 PAC 方法相关的术语都使用黑体，以突出它们在**数据管理**（这是这种规则的第一个例子）实践中的重要性。当仅使用单个术语（如数据、管理、战略）时，不使用黑体。我还对与本书讨论主题密切相关的流行词汇使用了黑体。

本书有一个配套网站，在那里可以找到本书中提到的各种模板、数据战略画布的示例、案例研究以及其他可能有用的参考资料。这也是您可以留下评论和分享使用该方法经验的地方。请抓住机会尝试这种新方法，并告诉我们您的体验如何。

第一部分
本书场景

尽管本书没有打算写成关于**数据战略**或**数据管理**（是的，由于这两个概念的重要性，所以使用黑体）的论文，但在描述方法论本身之前，我需要逐层铺垫来给读者建立一个上下文的语境场景。

第一部分的第1~6章就是建立这个场景的过程，首先从最普通的主题开始，逐渐过渡到该方法中使用的核心组件（见图7）。

第一部分		
1 数据战略 你真的拥有吗？	2 数据管理成熟度模型 数据战略的关键	3 数据战略PAC方法 组件1——数据战略框架
4 数据战略 哪些人要参与进来？	5 数据战略PAC方法 组件2——数据战略画布	6 旅程 通往有效数据管理 计划之路

图7　本书第一部分的阅读地图

- **第1章：数据战略：你真的拥有吗？** 开篇为**数据战略 PAC 方法**做了铺垫。文中提供了几个关于战略的定义，这些定义为本书中描述的方法提供了启发，并在此处对数据战略的定义进行了层次设置。本章通过参考现有研究来探讨组织在数据战略方面的成熟度，包括作者与墨西哥一所大学合作进行的一项研究，以了解拉丁美洲数据管理的现状及其与数据战略的关系。

- **第2章：数据管理成熟度模型：数据战略的关键。** 数据战略的主要目的是将组织从当前状态转变为预期的状态。一个关键问题是预期的状态是什么。这就是使用数据管理成熟度模型的意义所在，它有助于理解组织当前存在哪些能力，以及需要建立哪些能力。本章讨论了基于能力的数据管理成熟度模型的重要性，以及它们在指导数据战略方面的作用。

- **第3章：数据战略 PAC 方法：组件1——数据战略框架。** 本书的一个重要观点是，数据战略不是个单一的概念，而是一组概念。本章描述了为使组织从数据中获得更多价值而必须开发的几个不同数据战略，还描述了这些战略如何与组织中的其他业务和 IT 战略彼此关联。

- **第4章：数据战略：哪些人要参与进来？** 数据治理负责人的角色在过去几年中发生了变化。这个角色的责任不仅仅是定义数据治理制度、制定数据标准、解决或升级数据问题。当前的数据治理负责人应在促进数据文化和确保数据战略有效性方面非常积极，必须召集整个组织中的关键利益相关者参与数据管理。本章描述了如何在保全自己的情况下做到这一点。

- **第5章：数据战略 PAC 方法：组件2——数据战略画布。** 2005 年，亚历山大·奥斯特瓦德定义了商业模式画布，作为一种在一张幻灯片上捕捉和传达组织商业模式的方法。这种方法对数据战略 PAC 方法产生了重要的启示作用，为数据战略框架中的每个数据战略提供了专门设计的画布。本章描述了每张画布的内容。

- **第 6 章：旅程：通往有效数据管理计划之路**。本章从参与相关工作的人们有的疑问"我们应该从哪里入手"出发，解释了实现有效数据管理计划的路径。

在每章的结尾，你会找到三个收尾事项：

关键概念　　　牢记事项　　　数据战略名家访谈

第 1 章

数据战略:你真的拥有吗?

> 战略的本质是选择不做什么。
>
> 迈克尔·波特(Michael Porter)

	当前位置	第一部分	
	↓		

1 数据战略 你真的拥有吗？	2 数据管理成熟度模型 数据战略的关键	3 数据战略PAC方法 组件1——数据战略框架
4 数据战略 哪些人要参与进来？	5 数据战略PAC方法 组件2——数据战略画布	6 旅程 通往有效数据管理 计划之路

1.1 在数字化转型时代数据管理扮演的角色

2012 年，公司管理层要求我组建数据治理办公室，这是我 32 年职业生涯中的第一次，我深入地参与了这项工作。由于 2008 年的金融危机，在尝试推动企业架构和实施架构治理几年后，我终于有机会开始我的数据管理之旅。为了更好地实践数据治理，我首次参加了 EDW 会议，在那里我了解到了 DAMA 国际这个组织。从那时起，我作为一名志愿者投入了大量时间宣传数据管理的重要性。

毫无疑问，这是一个不间断的持续学习之旅，我定期参加与数据相关的活动。演讲者经常提到近年来数据的爆炸性增长。在我早期的演讲中，引用过 IDC⊖（国际数据公司——译者注）预估到 2020 年全球数据增长将达到 44 ZB 的统计数据。2021 年 3 月，IDC 发布了衡量每年新增、消费和存储的数据量的年度 DataSphere 预测报告⊖。截至 2020 年，已经创建的数据总量达 64.2 ZB，比之前 2019 年的预测多出 45%。根据 IDC 的全球数据领域高级副总裁戴夫·雷因塞尔（Dave Reinsel）的观点，这种意外增长是由于新冠疫情影响，这导致更多的人远程工作、学习、娱乐和在线购物。该

⊖ International Data Corpration，http://www.idc.com/
⊖ Worldwide Global DataSphere Forecast，2021-2025，https://bit.ly/3sWyVIH

报告还指出，这些新数据中只有不到2%被保存和保留到2021年。这反映出单纯地产生或收集大量数据是没有意义的，除非我们能够利用它们。

从一开始，我们就应拥有透明的流程来理解数据、保护敏感数据并确保数据具有良好的质量。这是从已收集数据中提取真实故事的唯一途径。我们可以通过正式的数据管理实践来实现所有这些目标。然而，遗憾的是，数据量的激增与数据管理实践发展的缓慢步伐形成了鲜明对比。

2017年，《经济学人》杂志发表了一篇题为《世界上最有价值的资源不再是石油，而是数据》的文章，使得"数据是新石油"这个口号为人们所熟知。自那时起，许多文章和论述试图定义数据是否真的是新石油，以及将数据与石油进行比较是否合适，因为石油是不可再生的，而数据却在不断增长。

许多人口头上把数据称为企业的战略资产，但在实际操作中并不认真对待。人们没有将数据真正视为战略资产的原因在《领导者数据宣言》（Manifesto，2016）[1]一书中得到了清晰的阐述。这是一本所有组织的领导者的必读书，包括数据领导者，都应该仔细阅读并与团队讨论，以充分理解数据的重要性。

在过去几年中，两个热词一直在各类会议和行业中流行，即"数字化转型"和"数据驱动"。但这些并非全新概念。数字化转型始于20世纪90年代末的流程自动化，并且随着互联网的使用扩大了其内涵。[2]过去15年中，我们可以找到大量关于数据驱动（基于数据而非直觉的活动或决策）的参考资料。可以看到，真正的数据驱动适用于学习或任何过程。在最近几年，大多数组织都将数据驱动作为一个目标，意味着它们试图通过实时、高效地利用数据来支持决策和其他相关活动。[3]

新冠疫情大流行确实加速了许多组织对数字化转型的需求，虽然对数字化转型的理解可能还不完整，但各种已有的定义足以捕捉其本质。其中一个主流的定义是："数字化转型是指企业采用数字化技术，提高效率、价值或创新"（维基百科，2022）。来自TechTarget的一个更全面的定义强调："数字化转型涉及将基于计算机技术纳入

---

[1] https://dataleaders.org
[2] 数字化转型历史，https://bit.ly/3cww7q8
[3] 数据驱动是什么，https://bitly/3cFtKB9

组织的产品、流程和战略中。其目的是更好地与员工和客户互动，从而提高组织的竞争能力。"需要注意的是，数字化转型不仅仅是为了在网上销售产品或服务而采用新的数字技术，它还涉及对商业模式、内部流程和组织文化进行调整。在此基础上，我们必须妥善管理所有数据，才能成功实现数字化转型。因此，我认为数据管理是任何数字化转型成功的基础。

在我主讲的一堂"数据管理基础"课上，有一位学生告诉我，他将数据管理视为建筑的基础。这个比喻在企业架构的视角下很有道理，因为它与建造一座建筑所需的要素相似。打好基础是建筑过程中成本最高的阶段之一。然而，当建筑物完工后，因为被上层建筑所掩盖，人们很难看到地基部分。人们通常会欣赏建筑物的外观、设计和功能，以及其智能化程度。我住在墨西哥城，这是一个经常发生严重地震的地震区。我目睹了很多新的现代化建筑因为没有牢固的地基而倒塌的情况。同样的情况也发生在数据管理领域：投入成本高昂，但很难看到成绩。数据管理并不引人注意，但是数据管理的好坏可以决定组织是健康发展还是艰难求生，甚至走向消亡。

经济前景的不确定性和消费者行为的多变性这两大因素，一直是将"成为数据驱动型组织"纳入组织战略目标的重要动因。数据科学家致力于信息模型的研究，以提供对组织的洞察，并预测客户对所提供产品或服务的反应和行为。数据管理的职能似乎与年轻人在数据科学领域的期望格格不入。他们希望使用创新的人工智能（AI）和机器学习（ML）算法等先进工具来分析数据。然而，这些工具和算法在没有可靠数据的情况下几乎无法发挥作用。确保数据可靠性是数据管理的工作。管理失当的数据既存在风险又产生成本，即使这些成本在很大程度上是隐性的。维持数据管理计划可能成本高昂，但没有它则可能导致组织崩溃。因此，与数据消费相关的分析结果取决于所提供数据的质量。

现在，越来越多的组织愿意提升高级分析能力，以便从数据中获得价值。然而，很多时候它们并不知道自己想要回答的问题是什么。近年来在全球范围内流传的一种说法是，数据科学家花费超过80%的时间进行数据收集和清洗，而不是在设计和训练那些可以施展魔力的算法模型。事实是由于缺乏元数据，他们花费了大量时间和精力来查找、清洗和理解数据。

几周前，我与正在攻读数据科学学士学位的侄子聊天时，得知他们的课程中有一门关于数据质量的课程，这让我感到惊讶。起初，我感到高兴，但后来我意识到这些大学正在将清洗数据当作数据科学家的常规化工作，而不是培养数据管理专业人员。这里的关键思想是，为了让数据科学家能够通过完成他们的工作来讲述真实的数据故事，组织必须正式建立数据管理的各种职能，以收集、生成、保存、记录、保护和提供符合组织内不同利益相关者需要的数据。这就是数据管理为什么是数字化转型和数据驱动成功的基础。

商业应用研究中心（BARC）在2018年11月进行的有关数据变现的调查显示，受访的200家组织中，有40%的组织正在进行数据变现项目，或已经通过改进内部流程开始变现数据。这与仅有6%的组织提到通过创建新的业务线来变现数据形成了鲜明对比。但这项研究最令人震惊的部分是，56%的受访者表示，在追求数据变现时，糟糕的数据质量是一个持续的挑战。这再次强调了数据消费与有效数据管理实践之间的关联。

1.2　组织如何看待数据战略？

数据战略在数据领域中有自己的一席之地。我们可以找到许多与这个概念相关的文章和书籍。甚至像EDW和DGIQ等国际会议活动都包括了专门讨论数据战略的议题。大部分关于数据战略的文献都解释了数据战略**是什么**，而其他一些则解释了**为什么**拥有数据战略如此重要。然而，很少有文章详细解释**如何**制定能够满足业务需求的

○ 有一篇有趣的文章分析了关于这一问题的对立观点，指出数据科学家不会花费高达80%的时间进行清理数据。也许在衡量这一概念时同样存在数据质量问题？数据科学家是否真的花费80%的时间清理数据？这也需要事实证明，不是吗？见 https://bit.ly/3IJBF1H

○ Business Application Research Center, https://barc-research.com/. BARC Survey Finds Data Monetization Is in The Early Stages of Adoption But Is Expanding, https://bit.ly/3LMyCAv/

数据战略。

在参加 DGIQ 2021 会议的筹备过程中，我搜集了一些有关数据战略执行情况的统计数据。虽然没有找到我所寻找的确切信息，但我发现了 BARC 进行的一项关于数据孤岛影响的有趣研究。[1] 关于影响信息孤岛存在的文化和组织挑战的问题，42%的受访者认为缺乏沟通是解决数据孤岛问题的最重要的挑战，30%的受访者则认为是缺少数据战略。

大多数数据管理研究只关注欧洲、亚太地区或北美地区（加拿大和美国），很少有研究试图了解拉丁美洲的组织如何管理数据。因此，当被邀请与墨西哥的普埃布拉州自治大学（Universidad Popular Autonoma del Estado de Puebla，UPAEP）合作，设计和实施一项关于拉丁美洲数据管理现状的研究时，我非常愿意参与。我提议扩大数据管理与数据战略关系研究的范围。这项研究的结果将在本章结尾展示。

甚至在获取拉丁美洲的确切数据之前，我已经对该地区的数据管理和数据战略现状有了一定的了解。

近年来，这里的人们对数据管理的兴趣逐渐增加。大多数组织对数据更加关注，是因为它们在受监管行业（如金融、保险、医疗）中工作，或者曾经有过因为低质量数据而导致的不良体验。它们正在招聘数据类岗位的专业人员，并在先进技术和专业服务方面投入大量资金。它们正在实施数据湖和主数据管理（Master Data Management，MDM）平台，并采用人工智能让数据"说话"和讲述故事。

作为一名顾问，我与负责数据治理项目的同行们进行了广泛的交流。当我提到数据战略的重要性时，会听到两种常见的回答："哦，我们已经拥有数据战略"，或者"我正在制定数据战略，这就是他们雇用我的原因"。然而深入探讨时，我通常发现这些组织根本没有数据战略，至少没有全面和有效的数据战略。全面有效的数据战略应该覆盖整个组织的数据需求，并考虑到每个组织单位的要求。有效的战略需要吸引组织中各方面的代表参与其定义。如果他们没有参与其中，战略在某方面的效果就会打折扣。一些数据管理从业者与我分享了无效数据战略的共同特点。例如：

---

[1] BARC：Infografics - "DATA Black Holes"，https://bit.ly/3sWK5qm

- **技术导向**：组织拥有一份包括架构图的数据战略文件，都是一些技术导向的文件，其重点主要是与数据平台相关的内容。
- **与业务目标缺乏一致性**：组织拥有一份关于采集、集成和使用大数据的战略文件，但这些战略文件与核心业务需求及组织的优先事项并不一致。
- **对元数据的关注不足**：组织对数据的兴趣集中在采用高级分析平台生成预测型信息模型上，而对数据域、数据源和优先级缺乏明确定义。
- **改进计划缺失**：数据治理负责人称他们不需要进行更多的评估，因为他们已经进行了几次评估，但其实他们没有使用数据管理成熟度模型来指导与数据相关的行动。
- **技术设计未考虑业务目标**：以数据仓库为中心的组织在设计数据仓库时没有考虑到业务战略目标，导致该数据仓库的设计无法推广使用。
- **缺乏对业务战略的了解**：甚至对业务战略完全没有概念。

  ○ 没有成文的数据战略，但客户主数据管理项目正在推进，因为该行业中的其他组织也正在这样做。然而，目前组织中根本不存在客户重复的问题。

  ○ 组织在元数据管理方面效率很高，但数据负责人不知道下一步该做什么。

  ○ 组织正在尝试第三次或第四次实施数据治理，但是在审查相关文件时发现如下内容："请不要提及管理责任。"

- **数据战略存在但形同虚设**：在组织中，即使存在数据战略，也没有将其用于指导与数据相关行动的优先级排序，或者用于管理整个组织对数据管理的期望。

这些场景是否似曾相识？请回顾一下您所在的组织：是否已经制定了数据战略？是否向每个对该数据战略感兴趣的员工都开放查阅？是否易于阅读和理解？是否用于指导行动和管理数据方面的期望？是否根据需要保持文件更新？是否由组织内的关键利益相关者来制定？是否被视为企业年度业务战略规划的一部分？如果您对所有这些问题的回答都是肯定的，那么恭喜！您的组织是少数几个能做到这些的组织之一，您甚至不用再读下去了。然而，如果至少有一个问题的回答是否定的，那么您会发现继续阅读是值得的。而且，您并不孤单。根据 New Vantage Partners（NVP，一家数据驱动业务转型的战略咨询公司——译者注）在 2021 年进行的一项高管调查，以数据密集型行业为代表，只有 30% 的蓝筹组织表示它们有明确的数据战略。[⊖]

基于以下问题陈述和假设，我向 UPAEP 提出如下研究建议：

尽管存在多种多样的数据管理框架，并且企业越来越清楚地认识到必须采用规范正式的实践活动来管理和维护数据，通常表达为数据治理实践，但企业的成熟度似乎尚未达到较高水平，以便真正获得所谓"战略资产"的预期价值。在这一领域的探索性研究主要关注欧洲市场及"盎格鲁-撒克逊人"主导的英语国家市场，而忽视了拉丁美洲的实际情况。当越来越多的企业在那些被认为是"灵丹妙药"的技术平台（用于管理和利用数据）上大肆投资时，对数据治理无效的抱怨也越来越不绝于耳。确实，它们未能获得预期的效益。

假设：缺乏全面的数据战略是实施数据管理取得有效成果的障碍。

该研究的标题是**拉丁美洲数据管理现状及其与数据战略的关系**。这是 UPAEP 和 SEGDA 咨询公司之间的合作项目。SEGDA 是一家专注于数据战略和数据管理的咨询公司。[⊜]

该研究于 2022 年首次进行，旨在追踪拉丁美洲地区对数据管理成熟度的认知，并将每年持续开展。当然，这是有史以来拉丁美洲关于数据战略和数据管理的首次研究，引发了该地区国家的普遍兴趣。其他地区的组织，特别是在多个国家拥有业务的

[⊖] 10 Reasons Why Your Organization Still Isn't Data Driven, https://bit.ly/3wScRcT
[⊜] Situación de la Gestión de Datos y su vinculación con la Estrategia de Datos en América Latina, https://bit.ly/3oM7Fnt

组织，更重要的是那些当前或预期在该地区开展业务的组织，也会从这些研究结果（见表1）中获得指导和收益。以下是研究结果的摘要：

- 在第一年的调查中，共收到126份回复，具有良好的参与性。其中来自墨西哥的回复最多（40%），其次是哥伦比亚（14%）、阿根廷（8%）、智利（8%）、秘鲁（8%）和厄瓜多尔（7%），其余15%的回复来自其他7个国家。
- 回复中出现最多的行业是金融业（25%）、政府部门（17%）和信息技术（12%），其他依次是教育、咨询、保险、电信、零售、能源和农业。
- 受访者主要是专注于数据的部门经理（31%），其次是IT经理（13%）和业务部门（11%）。只有10%的受访者在其组织中担任高级职位。

表1　拉丁美洲关于数据战略和数据管理的研究结果

拉丁美洲的研究结果		
数据战略	在组织中，数据战略的制定和使用程度如何？	最大的受访者群体（46%）表示他们的数据战略正在制定中。这个数字表明人们对这个主题的兴趣很大，同时也意识到其重要性。其中，12%的受访者表示正在考虑与业务的一致性，但只有9%的人表示使用数据战略来确定数据管理活动的优先级，8%的人表示使用数据战略来确定数据治理开发的优先级。32%的受访者表示他们的组织中已经有一个经过批准的数据战略
框架	有哪些众所周知的现有资源？	结果清楚地表明，DAMA框架在该地区最广为人知（55%），其次是DCAM（22%）以及DMM（数据管理成熟度模型㊀）（11%）。有趣的是，有13%的人表示对任何数据管理框架都不熟悉，这表明还有很多宣传工作需要开展
有效数据治理的障碍	在实施数据治理时，主要的障碍是什么？	许多受访者认识到数据治理在解决与数据相关的问题方面的必要性。普遍认为，很难说服高级管理层投资数据治理工作。然而，有12%的受访者将管理层缺乏信心视为实施数据治理的障碍；31%的受访者表示，主要障碍是对数据治理的理解不足，而20%的受访者表示主要障碍是缺乏明确而全面的数据战略

㊀ 数据管理成熟度模型介绍，https://bit.ly/3coOX2t

(续)

	拉丁美洲的研究结果	
数据管理成熟度	感知到的成熟程度水平如何？	大多数组织开始逐步启动数据管理。通常情况下，它们受到监管压力和信息交互需求的推动。这就是为什么安全性、存储和数据架构往往比其他领域更加成熟。当然，人们已经意识到数据管理不限于此，数据治理的感知成熟度水平（排名第四）证实了这一点。令人惊讶的是，数据质量仅排在优先级的第八位，元数据排在优先级的第九位，而这两者对于更好、更准确地理解数据是必要的
数据文化	对数据管理的理解的普遍程度如何？	44%的受访者承认他们的组织在传播数据重要性及其在组织中的有效管理方面付出了很大的努力。然而，只有8%的受访者表示他们使用同一种语言来描述数据管理及其相关话题。31%的受访者强调，成功实施数据治理的主要障碍是对数据治理的了解不足。这告诉我们，在拉丁美洲地区仍然需要加强数据管理素养的教育
数据分析	与数据管理有什么联系？	32%的受访者表示他们的组织已经在开展数据分析实践。然而，只有10%的人表示这些实践已经完全实施并在整个组织中运行（这是一个判断以数据为导向的组织的指标）。在后一类人群中，有50%的人表示他们有证据表明信息对实现战略目标做出了贡献。值得注意的是，31%的受访者报告称在他们的组织中数据管理和数据分析之间存在着联系。两种实践由同一人领导的情况占总数的8%

受访者非常积极地回答了两个开放性问题，即数据战略的感知影响，以及在数据管理实践中部分或全面实施数据战略的好处。

这种平衡表明（组织）对拥有数据战略的益处以及没有数据战略所带来的多重负面影响有着强烈的共识。例如，未充分利用的技术平台或多次重复建设和投入所带来的高成本。

拉丁美洲的结果与 New Vantage Partners 在 2021 年高管调查报告中的结果非常相似，至少在数据战略方面如此（拉丁美洲为 32%，New Vantage Partners 的调查结果为 30%）。当被问及实施有效数据治理的主要障碍时，31% 的受访者表示缺乏对数据治理和数据战略的理解（这意味着需要更多的培训），20% 的受访者表示缺乏数据战略。这些结果意味着学习制定和使用数据战略，将惠及从事数据管理和数据治理工作的人。

1.3　一个好的起点：什么是战略？

让我们从定义开始：什么是战略？我认为战略是在一场游戏中取胜所需的关键要素。我最美好的童年回忆之一就是与父亲玩"井字棋"游戏。我喜欢这个游戏，但是对我来说，不能赢得胜利非常令人沮丧。我的父亲教导我一种有效的战略，它产生了巨大的影响。我现在意识到，任何人只要掌握了规则就可以玩游戏，但要赢得游戏则需要战略、实践和纪律。

我担任顾问的第一个项目在一家知名的大型娱乐公司。他们曾与不同的咨询公司合作制定数据战略，但对结果并不满意。因此，我的第一个任务也是帮助他们定义数据战略。那时，我能够辨别我看到的东西是不是数据战略，但我不知道有效的数据战略应该是什么样的，所以开始了相关研究。我找到了一些标题相关的书籍和文章，它们告诉我数据战略是什么，以及为什么数据战略是重要的，但我需要的是某样东西来帮助制定数据战略。

尽管"战略"一词起源于军事领域，但随着时间推移，其应用范围已经扩大。在 20 世纪 60 年代中期，伊戈尔·安索夫（Igor Ansoff）首次将其应用于商业领域。[⊖]《剑桥词典》将战略定义为"为在战争、政治、商业、工业或体育等场景中取得成功的详细计划，或者是为这些场景进行规划的技巧"。根据 DAMA 的定义，战略是"确定方向并定义解决问题或实现目标的方法的一系列决策"（DAMA 国际，2010 年）。

然而，我并不打算提供你自己就能找到的定义。相反，我将着重介绍引起我注意并为本书第二部分——数据战略循环所设定的概念，这个定义将作为专门用于实施**数据战略 PAC 方法**的组件。

引起我注意的第一个定义来自里奇·霍沃斯（Rich Horwath）："战略不是抱负。战略不是最佳实践。战略是通过一套独特的活动系统，**智能地分配资源**以实现目

⊖　伊戈尔·安索夫是一位俄罗斯裔美国数学家，他首次在商业领域使用了"战略"一词。https://bit.ly/3yXtlDe

标。"这个定义同样适用于数据世界。我见过一些数据战略，有的描述了理想目标状态，有的要求采用业内最佳实践和标准。但是，如果这些战略没有考虑优先要做什么，或没有考虑达到期望状态所需的人员，那它们实际上并不是战略。

彼得·艾肯和托德·哈伯（Todd Harbour）提出了一个很好的定义："战略是一个组织可用的**最高级别指导**，将活动集中于**实现明确的目标**，并在面临不确定性时提供一系列方向性决策和具体指导。"这个概念自然地转化为对**数据战略**的定义："**数据战略**是组织中可用的最高级别指导，将与数据相关的活动集中于**实现明确的数据目标**，并在面临不确定性时提供方向性决策和具体的指导"（Aiken &Harbour, 2017）。

公认的数据战略家唐娜·伯班克表示："数据战略需要**了解业务战略中固有的数据需求**"（DATAVERSITY, 2021）。这一观点揭示了我们在定义数据战略时应该从何处开始：首先要了解业务战略。虽然这听起来理应如此，可是在许多组织中，业务战略并没有公开或广为人知。但这并不意味着它不存在。每个组织都有自己的战略，无论它多么基础。然而，有时它只存在于某个人或有限的几个人的思想中。了解业务中的数据需求对于定义数据战略至关重要。表达这些需求并不容易，确定需求及其优先级也不容易。

伊恩·沃利斯（Ian Wallis）讨论了防御性和攻击性数据战略之间的区别。例如，许多组织从防御性角度入手，主要满足合规要求。随着数据管理实践的成熟，一些组织可能转向攻击性战略，使数据管理成为日常业务的一部分。这种变化使它们能够从数据中获得价值（Wallis, 2021）。

在2022年5月的一次采访中，数据管理专家比尔·恩门分享了他对战略和数据架构之间关系的理解（完整采访请参见本章末尾）：

"假设你身处一艘位于太平洋中央的船上，战略将指引你的船只行驶的方向。如果没有战略，你将永远无法到达目的地。

数据架构就像指南针或地图。有了数据架构，你就知道要去的方向。

你既需要战略来指引船只，也需要地图和指南针来告诉你正确的航向。没有地

⊖ Strategic Thinking Institute，https://www.strategyskills.com/what-is-strategy/
⊖ https://www.linkedin.com/in/donnaburbank/；Global Data Strategy，https://globaldatastrategy.com/

图，你就不知道要去向何方。"

在讨论数据战略时，我们首先必须横向思考，并全面考虑组织的各个单位（所有业务线、共享服务，如财务、法律、合规、人力资源、IT等）。这种横向视角有助于确定和优先考虑业务问题、与数据相关的痛点（也称数据痛点）和动机。然后，当选择一个业务部门进行合作时，我们还可以纵向思考，我们需要确定相关的业务流程、数据域、数据源和战略性举措。这些不同的视角提供了组织及其需求的地图。数据战略提供了一种切实可行的方式来管理与数据管理和数据治理相关的期望（因为许多人不理解这些概念）。数据战略有助于描述首先做什么，与哪个组织单位合作，以及使用哪些数据、流程或报告。

不同组织会在不同的范围内定义数据战略。有些组织专注于采用新技术，有些专注于获取数据；有些涵盖整个组织，而有些专注于特定的组织领域。我建议从一个**全面的数据战略**开始，由组织各部门的代表组成小组共同定义。这个小组必须了解组织各部分的业务和与数据相关的问题。

全面的数据战略呈现了一个组织及其数据的横向视角。在建立了这个视角之后，再转向纵向视角，选择一个战略性的业务目标，并逐步深入研究支持该目标的不同数据管理职能（如数据治理战略、数据质量战略、数据架构战略、IT战略等）。这样就形成了一组数据战略，每个战略都有特定的关注点和范围，但它们通过总体业务战略与共同目标相关联。我们将在第3章详细介绍这种方法。

考虑到所有上述内容，我对数据战略提出如下定义，并贯穿在整本书中：

数据战略是一个组织中最高级别的指导，采用一种整合的方式智能地分配资源，以实现与数据相关的目标并有助于实现业务战略目标。

1.4 我们应该期望在数据战略中找到什么？

当开始制定数据战略时，我研究了数据战略应包含的内容，并没有标准的一致意见。一些出版物认为数据战略具有五个或更多核心组成部分，这些组成部分涉及如何获取、整合、保护、存储、处理和分析数据。其他出版物还包括工具方面的内容以及数据和工具的所有权。一些数据战略框架来自与数据相关的平台或软件工具，使得数据战略非常技术化。因此，在许多组织中发现这种类型的战略并不令人意外。最近的研究工作有助于澄清这一方法。彼得·艾肯和托德·哈伯讨论了数据战略的五个关键组成部分：数据愿景、数据目标、驱动因素、支持战略和关键举措（Aiken & Harbour，2017）。伊恩·沃利斯认为数据战略应涵盖数据管理，包括对结构化和非结构化数据的利用（Wallis，2021）。沃利斯还将报告、分析、洞察和知识管理视为数据战略的一部分。米歇尔·奈特（Michelle Knight）描述了一个完善数据战略的组成部分（Knight，2021）：

- 强有力的数据管理愿景。
- 强有力的商业案例/动因。
- 指导原则。
- 审慎严密的数据目标。
- 进程情况和成功与否的度量和衡量指标。
- 短期和长期目标。
- 适当的设计与易于理解的角色和责任。

这与**数据战略 PAC 方法**在构建数据战略时考虑的内容非常相似。数据战略应该在组织的最高层次上展现出使组织所有层次都能理解的，为支持组织的业务目标需要哪些数据，以何种顺序排列，以及谁必须采取行动等内容。**数据战略 PAC 方法**将数据战略的主要内容分为以下六个组成部分：

（1）与业务战略的一致性。

（2）数据需求。

（3）制订数据管理计划的基本依据。

（4）数据原则。

（5）优先级排序：

1）数据治理能力。

2）数据管理职能。

3）组织架构。

4）关注领域。

5）关键绩效指标（KPI）。

（6）合作伙伴。

1. **与业务战略的一致性**：数据如何支持战略目标和数据管理动机（例如，提供准确的业务洞察和客户行为信息）？一个好的数据战略需要讲述一个关于用什么样的顺序来执行什么样的活动，最终实现业务战略目标的故事。通常组织中其他部门的人很难理解为什么需要数据治理团队或为什么需要元数据管理负责人，因此有必要以一种方式来展示，例如，元数据管理将如何支持数据质量的改进，从而提升客户体验。

2. **数据需求**：数据战略必须确定支持业务目标所需的数据，并确定这些数据是否存在于组织内部。例如，那些用于回答高管可能提出的业务问题所需的数据，如利润最低店铺的位置、利润最高的银行产品的客户使用情况、客户在社交媒体上分享的经验、呼叫中心的需求和等待时间等。数据战略在最高层次上确定需要进行优先治理和管理的数据域或数据实体。然后在制定具体领域数据管理战略时，识别具体的数据集和数据元素（例如，在数据质量方面）。

3. 制订数据管理计划的**基本依据**：为什么需要数据？数据如何对业务战略目标和与数据相关的痛点产生影响？要开始运行数据管理计划或成为数据驱动型组织，我们需要确定更好地处理数据的基本动机和收益。这些描述需要扩展到整个组织中值得期望的与数据相关的行为（例如，人们报告数据质量问题、考虑使用敏感数据字段的道德影响、数据共享意愿等），以及与数据相关的不良行为（例如，不记录用于报告的数据源、不记录元数据、不使用经批准的数据源等），还需要描述所有与数据相关的问题或痛点。

4. **数据原则**：定义组织应遵循的原则是数据战略的核心要素。正如哈坎·埃德文森所解释的那样，缺乏原则往往导致过度依赖规则，这可能导致数据治理计划失败。在他的对数据治理的非强制性方法（Edvinsson H.，2020）中，哈坎主张通过原则来进行治理，而不是强制性执行规则。

5. **优先级排序**：由于战略是"一种资源的智能分配"，一个良好的数据战略必须优先考虑数据治理能力和数据管理职能。高优先级的组成部分应受到制度上的保障。不能合理优先安排要进行治理的内容可能会引发冲突，因此优先考虑与数据相关的行动对于数据战略的成功至关重要。必须优先考虑的主要方面如下：

    1) **数据治理能力**：数据治理是数据管理的核心功能。它是组织层面的能力统筹（如制定政策、管理术语表、管理角色、沟通进展、生成关键绩效指标仪表板等），来协调其他数据领域（如数据架构、数据集成、数据质量等）的工作。了解所需能力的最佳方法是遵循正式的数据管理成熟度模型推荐的能力（参见第 2 章）。这些能力将不同数据战略（数据管理战略、数据治理战略、数据质量战略等）的领域联系起来，我们将在第 3 章和第 5 章中看到。

    2) **数据管理职能**：数据管理是任何数据相关活动的基础。大多数组织都已经有一些数据管理实践；如果没有这些实践，组织将无法运作。但是，这些实践通常没有经过正式治理，或者它们的治理实践没有被正式明确。因此，数据战略的一个重要组成部分是正式明确所需的数据管理职能并设定它们的优先顺序。

    3) **组织架构**：数据战略的一个主要目标是优先考虑资源分配。这个问题的一个关键点是确定所需的角色和治理机构。组织启动一项数据管理计划可以从小规模开始，建立一个核心的数据治理团队，包括一个负责人、一个制度编写专员、一个元数据管理负责人和一个数据质量分析师。最初，使用现有的治理机构来审查和讨论与数据相关的事项比设立多个委员会更有效。此后，随着成熟度的提升，可以成立一个正式的数据治理委员会作为常设机构。我们可以采取类似的方法来进行数据管理。第一年从一个权力有限的兼职数据管理小组开始；逐步增加不同业务单位的兼职数据管理者；最终，根据需要转向为全职的数据管理专员或数据管理协调员团队。

4) **关注领域**：进行数据管理实践不仅仅是建立和发展能力的问题。数据战略必须明确对不同的组织单位或业务线采用不同的治理优先级，还必须明确将开展治理的内容（数据实体或领域、报告、流程等）。理想情况下，这些关注领域要与利用数据助力业务目标的各项战略举措相联系。

5) **KPI**：最后，需要了解工作进展情况以及活动的执行效果如何。对于数据战略的各个阶段和优先事项，需要通过衡量指标和 KPI 来衡量数据管理职能的进展情况。随着时间推移，KPI 的范围和复杂性会发生变化，因此如何衡量决策的有效性也成为一个必须优先考虑的问题。

6. **合作伙伴**：在描述数据治理或其他数据管理职能的战略时，重要的是考虑其他团队或组织单位如何与执行战略的团队合作。将关键参与者纳入数据战略的定义和执行过程中是必不可少的。必须在每个数据战略中明确描述他们的相关性。

1.5　关键概念

数据战略是一个组织中最高级别的指导，采用一种整合的方式智能地分配资源，以实现与数据相关的目标并有助于实现业务战略目标。

1.6　牢记事项

1. 要使组织成功进行数字化转型或数据驱动转型，必须建立一套清晰规范的数据管理实践。

2. 如果掌握了规则，我们就可以尝试玩任何游戏，但只有拥有良好的战略和进行持续的训练才能获胜。数据管理也是如此：组织需要良好的战略和持续的训练才能成功地成为数据驱动型组织。
3. 数据治理是负责协调其他数据管理职能的核心数据管理职能。数据战略的存在对高效和成功的数据治理实践至关重要。

1.7 数据战略名家访谈

采访对象：比尔·恩门（Bill Inmon）[⊖]。

比尔·恩门被认为是数据仓库的创始人，他是一位出色的数据架构师、畅销书作者（著有30多部作品），以及 Forest Rim Technology 公司的创始人、董事长兼 CEO。Forest Rim Technology 开发了世界上第一款文本 ETL 软件。

作为一名数据智能咨询师，您在数据分析领域拥有丰富的经验，最近还涉足了文本分析领域。在您的客户组织中，明确定义了横向数据战略来指导数据相关工作并响应业务战略的情况多吗？

很不幸，这种情况并不常见。大多数组织在技术层面上受供应商的引导。在某些情况下，供应商提供了良好的建议和指导。但在大多数情况下，供应商提供的建议只是为了推销其产品的夸夸其谈。当供应商给出建议时，应该始终保持质疑——这些建议是为谁的利益服务？几乎每一次都是如此，供应商只是试图销售更多产品。

您认为数据战略在数据驱动转型的成败中扮演了什么样的角色？

对于一个组织来说，数据战略就像橄榄球队的四分卫一样重要。没有一个出色的四分卫掌控局面，球队就无法取得佳绩。成功实施数据架构涉及诸多方面和问题。数据战略管理人员需要具备多种技能并能够处理各类问题。当数据战略与明确的数据架构相结合时，组织便知道应该朝哪个方向发展了。

⊖ https://www.linkedin.com/in/billinmon/；https://en.wikipedia.org/wiki/Bill_Inmon

一个组织就如同大海上的一艘船。当它缺乏明确的目的地时，任何方向的调整都是无意义的。但当有了战略和数据架构时，即使在太平洋中央，组织应如何调整船舵的方向也是明确的。

从您的角度来看，谁负责推动数据战略的制定和维护？哪些利益相关者需要参与这一过程？

一切的核心都是业务价值。如果没有业务价值，则其他一切都没有意义。因此，在战略项目中，首要的人员是最终用户。在许多情况下，数据战略制定人员很难将数据战略与业务价值的提升联系起来，这是一个严重的问题。在任何情况下，数据战略与业务价值的提升之间都需要建立强有力的联系。

建立完整、横向的数据战略是成功实现数据管理计划的基础，新任数据治理负责人应该如何让高级管理层认识到这一点，并从中获得支持？对此您有什么建议？

在公司中，最激励人的因素就是痛点。有很多痛点存在，包括过去的失败带来的痛点。但最重要的是市场上的失败带来的痛点，如寻找新客户、留住现有客户、增加收入等。因此，让一个项目起步的最佳策略是找到痛点，以及探讨解决痛点的方式。

第 2 章

数据管理成熟度模型：数据战略的关键

成熟，让成功自然而然。

卡罗琳·海尔布伦（Carolyn Heilbrun）

```
         当前位置
            ↓      第一部分
┌─────────┬─────────┬─────────┐
│    1    │    2    │    3    │
│  数据战略 │数据管理成熟度模型│ 数据战略PAC方法│
│你真的拥有吗?│ 数据战略的关键│组件1——数据战略框架│
├─────────┼─────────┼─────────┤
│    4    │    5    │    6    │
│  数据战略 │ 数据战略PAC方法│   旅程   │
│哪些人要参与进来?│组件2——数据战略画布│通往有效数据管理│
│         │         │  计划之路 │
└─────────┴─────────┴─────────┘
```

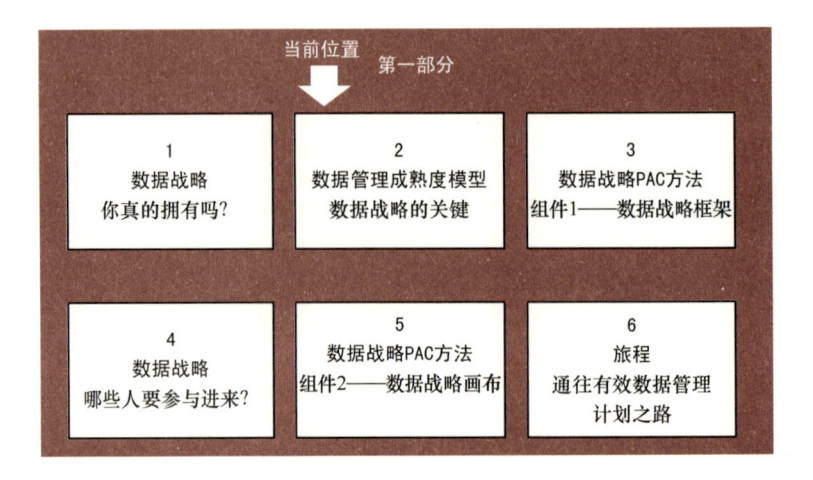

2.1 数据管理成熟度模型的好处

在解释数据管理成熟度模型对于数据战略的重要性之前,我们必须首先了解成熟度模型是什么。成熟度模型诞生于 20 世纪 70 年代中期,用于衡量人们在执行特定领域流程的能力和效果。其最初被用于解决随着计算机使用的增长而日益复杂的软件开发难题。初始阶段成熟度模型是由理查德·L. 诺兰(Richard L. Nolan)开发的,他在 1973 年发表的论文中提出了"成长阶段模型"。沃茨·汉弗莱(Watts Humphrey)在 1986 年开始构建"过程成熟度模型"概念,并在 1988 年发表了相关内容。[一]从业务流程管理的角度来看,成熟度模型基于这样一个假设:组织演变模式是可预测的,按照逻辑路径通过逐步提升的方式进行能力演变。[二]数据管理能力的演变也具备阶段性,而且每个阶段也包含某些定性和定量的特征。目前业界和学界已经开发了多个模型,来描述组织改善其数据管理能力的意义,以及衡量组织在构建数据管理能力方面的进展。

[一] 能力成熟度模型的历史,https://bit.ly/3uHZ6xg。软件工程研究所(Software Engineering Institute)于 1987 年开发了五级软件能力成熟度模型(CMM),逐渐演化成为能力成熟度模型集成(CMM Integration,CMMI),仍然专注于软件开发。此后出现了几种适用于不同领域的类似模型。
[二] 业务流程管理方面的成熟度模型(Maturity Models in Business Process Management),https://bit.ly/3O2XuF6

数据管理成熟度模型不仅有助于专业人员评估某个组织在特定时刻各数据管理领域（如数据治理、数据质量、数据架构等）的发展水平，而且也对整个行业中的各个组织如何更合理地管理数据具有指导意义。这些模型可以用于：

- 评估当前状态并判断组织的成熟度水平。
- 确定与预期状态存在的差距。
- 定义成熟度的发展路径。
- 明确每个阶段的预期（包括后续需要完成的任务）。

有两种方法可以评估数据管理成熟度：询问人们对当前数据管理状态的看法，以及收集成熟度的实际状况。第一种方法通常是让来自不同组织部门的利益相关者回答问卷。需要注意的是，这种结果取决于受访者对所评估领域（如数据治理、数据质量、元数据管理等）的了解程度。第二种方法通过收集信息（如文件、流程、工件、电子邮件、会议纪要等）来反映当前数据管理流程的执行情况。这些证据本身必须具有可解释性。

坚持使用数据管理成熟度模型可以获得许多好处。在定义数据战略时，数据管理成熟度模型有助于：

- **达成共识**：在第 1 章中，我们强调数据战略有助于协调对数据管理的期望，就包括对成熟数据管理实践的定义达成共识。成熟度模型有助于实现这个目标，因为它明确定义了每个成熟度阶段应该具备的能力证据要求。
- **标准化实践**：一个组织遵循数据管理成熟度模型执行时，不需要重新"发明轮子"。基于不同行业从业者的经验和最佳实践，已经对各种能力进行了标准化定义。虽然可以对支持这些能力的组件、模板和工具进行定制，但模型本身的大部分内容已经标准化。
- **路线图的里程碑指南**：如果数据战略是确定数据相关活动优先级的最高级别定义，那么在构想所需能力时还需要一份指南。每个成熟度级别所需的能力将为制定路线图和运营计划提供里程碑。

- **期望管理**：当期望没有被充分传达或没有得到满足时，任何关系都存在发生冲突的隐患。在数据管理中的一个典型场景是对数据管理概念本身理解得不够清晰。数据管理成熟度模型清楚地阐述了每个职能在每个成熟度级别上的期望。因此，成熟度模型通过指明在数据管理每个实施阶段要完成的任务来清晰表达和管理期望。
- **团队的协调一致**：明确每个阶段将建立的能力，不仅有助于管理期望，还有助于增加参与该过程的不同团队之间的协调性。
- **审计支持**：在强监管行业（如金融、保险、医疗等），外部审计是常态化的。数据治理正在成为各种审计中的一个共同主题。识别数据管理成熟度评估中发现的薄弱环节，并在路线图中指出何时解决这些问题，通常会在审计中获得积极的评价。

2.2 成熟度模型的选择

目前业界已经开发了几个适用于数据管理的成熟度模型（见表2）。我最熟悉的模型是数据管理能力评估模型（Data Management Capability Assessment Model，DCAM）。我曾深入研究并参与了DCAM西班牙语2.2版的翻译工作。DCAM于2014年由企业数据管理（Enterprise Data Management，EDM）委员会[1]首次发布。EDM委员会成立于2005年，是一个非营利组织，旨在支持数据领域的专业人士，提升数据和分析管理的实践水平。它采用企业会员制方式运作，促进了数据管理和分析研究、最佳实践、标准、培训和教育方面的行业合作。它最初主要涉及金融机构，如今已经拥有300多个会员，代表着全球各行各业和监管机构。

---

[1] EDM Council，https://edmcouncil.org/

表 2　数据管理成熟度模型的可选择方案

名　　称	缩　　写	作　　者	首次出版	最近发布
Gartner 企业信息管理成熟度模型①	EIMM	Gartner 集团	2008	2016
数据管理成熟度模型②	DMM	CMMI 研究所	2014	于 2022 年 1 月 1 日被 ISACA 撤销，并纳入 CMMI 模型
科研数据管理能力成熟度模型③	CMMRDM	雪城大学（Syracuse University）	2014	
数据管理能力评估模型④	DCAM	EDM 委员会	2014	2.2 版于 2021 年 10 月发布
阿拉克斯数据改进模型⑤	MAMD	阿拉克斯研究小组和卡斯蒂利亚拉曼却大学（西班牙）	2018	3.0 版于 2020 年 5 月发布

DCAM 第 1 版的作者大部分来自金融行业。他们遵循 2008 年金融危机后由巴塞尔银行监督委员会发布的《有效风险数据汇总和风险报告原则》（BCBS 239）的建议，其目标是收集数据管理领域的最佳实践。⑥ 近年来，DCAM 不断发展，如今众多监管机构以及各行各业都在使用 DCAM。

DCAM 可以用于指导组织中数据管理的实践。它描述了获取、生成、处理和维护可信数据所需的能力和行动，同时也包括优势和劣势的评估。最重要的是，DCAM 定义了基于里程碑的实施路线图，可以用来实现数据战略所需的能力。

DCAM 2.2（图 8）包括 7 个主要组件和 1 个可选组件（分析管理）。每个组件都包含若干能力项和子能力项，并且每个组件有明确的目标和建议的文件，可作为建立能力或子能力的证据。这 8 个组件包括 38 个能力项、136 个子能力项和 488 个目标。

---

① Gartner Introduces the EIM Maturity Model，https://bit.ly/3zbo4aS
② Data Management Maturity Model Introduction，https://bit.ly/3coOX2t
③ A Capability Maturity Model for Research Data Management，https://surface.syr.edu/istpub/184/
④ EDM Council DCAM，https://bit.ly/3PDW5Gw
⑤ Alarcos Group MAMD 3.0，https://bit.ly/3aOucN2
⑥ BCBS 239，https://bit.ly/3csR5Gt

Copyright © 2021 EDM Council

图 8　DCAM 2.2 框架

大多数成熟度模型，无论其测量的过程如何，都采用最初由 CMMI 定义并包含在 DMM 中的成熟度水平（请参考第 2.2 节）：

(1) 已执行级（Performed）。

(2) 可管理级（Managed）。

(3) 可定义级（Defined）。

(4) 可度量级（Measured）。

(5) 优化级（Optimized）。

DCAM 并没有遵循这种五级结构，它包括六个成熟度水平（图 9）：

(1) **未启动**：该能力/子能力尚未建立，并且没有意识到有这方面需求。只存在临时努力。

(2) **概念化**：该能力/子能力不存在，但已经意识到有这方面需求。各种会议都在讨论这个问题。

(3) **开发中**：该能力/子能力正在开发建设中。
(4) **已定义**：该能力/子能力已由直接参与的利益相关者定义和验证。
(5) **已实现**：该能力/子能力已经在组织层面建立，各利益相关者能够理解并遵守。在这个级别上，可以找到不同类型的文件（如流程文件、制度、标准、电子邮件、会议纪要等）用来支持实现这个成熟度级别。
(6) **优化**：该能力/子能力是作为业务常规实践的一部分，并持续改进过程。

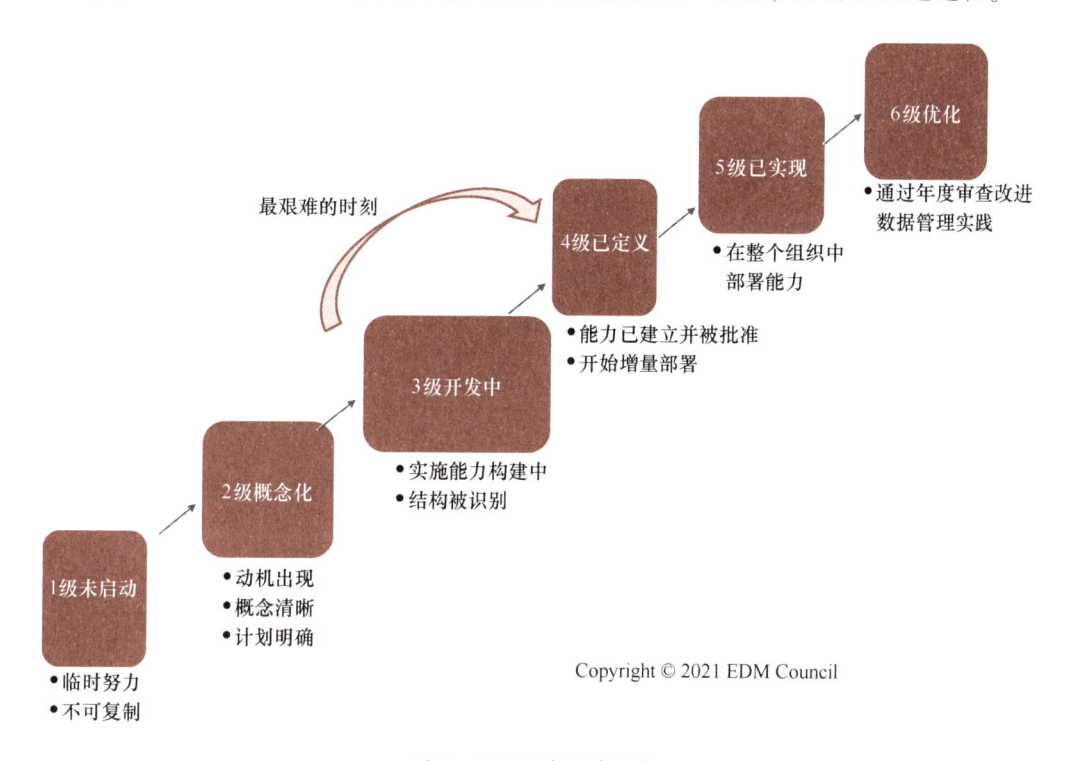

图 9　DCAM 成熟度水平

DCAM 最吸引我的地方是其组件 1 数据战略和商业案例。对于 DCAM 来说，数据战略是成功实施数据管理的关键因素。DCAM 认识到，如果没有数据战略，就无法明确该如何实施数据管理。根据 DCAM 2.2 的说法，"数据管理战略和商业案例决定了数据管理（DM）如何定义、组织、资助、治理和融入组织运营。"数据管理是一项成本高昂的工作，它不是一个项目，而是一系列必须建立和维护的职能，需要每年的资金支持。这就是提前制定数据战略和商业案例以作为数据管理核心基础的重要性所在。

鉴于定义数据战略是实施数据管理实践的第一步，在数据管理战略中需要考虑数据管理成熟度模型涉及的能力。任何数据管理成熟度模型都可以用于**数据战略PAC方法**，但我主要参考DCAM，因为它是一个全面的、经过论证并且十分成熟的理论模型。

2.3　基于能力成熟度模型的相关性

在第1章中，我们提到**数据战略**是组织中最高级别的指导，用于更加智能地分配资源，主要目的是以整合的方式实现数据相关目标和业务战略目标。这个定义背后的主要思想是优先级排序。围绕数据生态系统要做的事情非常多，因此我们需要一种方法来确定哪些是最重要的事情。我们曾经说过，数据管理是其他举措取得成功的基础。最基本的，它是成功开展高级分析的基础。因此，我们首先需要确定开发和实施数据管理所需能力的优先次序。要做到这一点，我们首先必须非常清楚什么是良好和成熟的数据管理实践。基于此，有一个基于能力的数据管理成熟度模型供参考就显得尤为重要。

能力（Capability）是指"能胜任某事的品质或状态"（《韦氏词典》，2022）；简单地说，它意味着"把某事做成"（《大不列颠词典》，2022）。当能力及其配套的相关文档、会议记录、分发列表等有明确说明时，根据证据而非主观感觉来评估成熟度水平就更加容易。

采用基于能力的数据成熟度模型有以下好处：

- 基于行业最佳实践定义标准化能力。
- 与同行业的其他组织进行能力比较。
- 通过对能力的定义，可以了解到组织内数据管理的成熟水平，从而明确如何从一个成熟水平进阶到下一个水平。
- 更容易规划路线图，以及能力建立的核心里程碑。然后可以围绕这些核心里程碑设定具体的业务里程碑。
- 可以根据成熟度模型中描述的特征客观地衡量目前的进展情况。

- 使用基于能力的数据管理成熟度模型将有助于我们在短期、中期和长期确定建立能力的优先次序,从而实现对期望的管理。

2.4 关键概念

数据管理成熟度模型是衡量不同数据管理领域发展水平的重要工具。

建议使用基于能力的数据管理成熟度模型,根据证据客观地衡量组织的能力成熟度水平。

2.5 牢记事项

1. 数据管理成熟度模型可以作为制定路线图的指南,助力组织在数据处理方面达到理想状态。
2. 基于能力的数据管理成熟度模型有助于设定和管理整个组织对良好、成熟的数据管理实践的期望。
3. 数据管理成熟度模型可以作为数据战略能力建设优先级的指南,以及作为从数据战略推导出的路线图的主要骨架。

2.6 数据战略名家访谈

采访对象:梅兰妮·梅卡(Melanie Mecca)[一]。

梅兰妮·梅卡是企业数据管理能力评估方面的全球权威专家。

[一] Melanie Mecca, https://www.linkedin.com/in/melanie-a-mecca-1b9b1b14/

作为 DataWise 公司的首席执行官，她在 2022 年被 CDO 杂志评为"数据顾问的引领者"。她在领导数据管理评估、数据管理咨询和战略规划方面拥有无与伦比的专业知识和经验。她在评估、设计和实施数据管理方面的领导能力使各行各业的客户能够加速成功。

DataWise 是企业数据管理委员会的重要合作伙伴，并获得了数据管理能力模型（DCAM）的授权。作为 ISACA/CMMI 研究院的数据管理总监，梅兰妮是数据管理成熟度模型（DMM）的主要作者，迄今为止已经主导了 38 次评估，实现了数据管理能力的快速提升。DataWise 的面授课程提供了大量可供练习的案例研究。

DataWise 还提供了一套在线学习课程，向广大员工传授关键概念和实践技能，提升整个组织的知识水平，建立数据文化，加强协作，提高治理能力。对利益相关者的培训是实现卓越数据管理的关键！详细内容请访问 datawise-inc.com，了解"What GOOD Looks Like"。

鉴于您作为数据管理顾问和实践者的丰富经验，以及作为数据管理成熟度（DMM）模型的主要作者，您认为在指导数据相关工作响应业务战略方面，基于能力的数据管理成熟度模型与明确定义的横向数据战略之间是什么关系？您在工作中是否遇到过这种类型的数据战略？

组织在着手建立或优化其数据管理计划时，建议进行全面的企业级数据管理评估。评估为当前能力提供了精确的基准，使组织能够发现其优势和差距，并制定个性化的实施计划以加快推进进度。

我发现很多组织在使用"数据战略"这个术语时存在理解不一致的情况，但通常它们都会强调技术转型。根据我的经验，一个组织范围内的数据战略通常包括三个主要组件：

- 数据架构：需要设计和实施什么来满足数据需求——数据模型、数据组件计划、过渡计划等。
- 数据技术/平台：如何——组织构建或购买什么来获取、存储和分发数据（重点是企业数据/共享数据）。

- 数据管理：需要实施哪些流程来构建、维护和控制数据，以及谁来执行这些流程——人员、角色和协作结构（治理）。

从数据管理的角度来看，我建议客户将数据管理战略作为一个独立的专项工作来开展。否则，热点会快速切换，"时髦的技术"会在某种程度上替代目标架构。

本质上，数据是永恒的，因而对它的有效管理也是持续的。这意味着需要建立一个类似财务和人力资源的永久职能，有行政领导、制度、流程、标准、人员配备和治理来支撑。DMM 和 DCAM 都强调在全面数据管理战略的基础上，制定一个横向的、基础广泛的和可持续的数据管理计划。由于许多组织尚未致力于这一重大转型，以数据为中心的工作可能仍然以项目为基础，效率低下，并且由于返工和重复工作而造成高昂的成本。

数据管理战略应该包括哪些内容？至少应该包括以下内容：

- 愿景陈述，包括总体概述和实现该愿景将满足的业务期望。
- 核心原则，例如"最小化数据冗余"，"数据优先设计"，"先评估后开工"等。
- 与组织的业务目标一致的项目目标。
- 确定企业数据管理项目要实现的目标。
- 数据资产范围：数据管理重点关注的高优先级数据域。
- 主要差距，总结当前数据资产和管理实践的现状，以及它们对实现业务目的和目标造成的负面影响。
- 数据管理范围：为了实现业务目标和弥补差距所需的数据管理流程（例如，业务词汇表、数据分析、数据目录等)[⊖]。
- 需要交付的关键工作成果，如制度、标准和明确规定的流程。
- 业务收益，建议包括如下内容：

⊖ 请参阅数据管理成熟度模型的 25 个流程领域清单和数据管理知识体系中的知识领域，以确保完整性。请注意，数据管理成熟度模型侧重于基本的企业数据管理实践。而 DMBoK 还包括业务领域解决方案（如内容管理）。

① 可信使用案例。例如，基于季节、地理区域、经济因素、人口趋势等进行的产品销售预测分析。

② 优化改进。例如，改善客户服务、监管合规性、产品开发等。

③ 实际收益。例如，最小化维护成本、减少导致结账延迟的质量缺陷、提高投资回报率等。

- **优先级**：确定数据域和数据管理流程的优先级，以及涉及哪些因素，如依赖关系、业务价值、与战略举措的一致性以及工作量情况。
- **治理结构**：对治理角色、治理机构及其相互关系的概要描述。
- **业务参与**：如何调动业务方的代表来定义数据，开发、增强和管控数据资产。
- **员工资源**：估计所需资源和需要增加的新职位，如数据管理部、首席数据官等。
- **衡量指标**：如何确定是否实现了计划目标？在战略中应该初步制定一套高层次的过程进展和组件衡量指标。
- **基准管理**：采用什么方法和数据管理参考模型来客观评价能力提升的情况。
- 最后但同样重要的是，要有一个高级别的顺序计划，持续数年，以展示将要实施的主要举措。

这给我们的启示是，无论目标架构是什么，或者准备购买什么技术支持，有效地管理数据都是必需的。一旦数据管理战略得到广泛认可并获得批准，就可以与架构和技术结合，形成整体的数据战略。

您认为数据战略在数据驱动转型的成败中扮演了什么样的角色？

"数据至上"——这应该是每个组织的指导原则。无论是对一个寻求通过利用其数据来推进业务目标的百年老店，还是对一个渴望征服其行业的初创企业，都是如此。没有数据，一切都无从谈起——没有数据，就无法开展业务；没有数据，就无法做出业务决策。

"不做计划就等于做着失败的计划"。组织最好花时间为其数据驱动的未来做计划。如果在没有整体战略的情况下建设多套不同的能力，工作就会出现重复，也不可能协调一致（更不用说高昂的成本了）。战略是消除杂乱无章的良药。

我建议客户在制定数据管理战略时不要花太多时间。决定成功与否的关键是主要业务线或组织单位获得共识、达成一致。相关细节可以在转型整体计划实施过程中予以充实，并在实施计划中描述能力建设所需的详细要求。

数据战略的一个要素必须自上而下尽早确定——数据治理。战略制定工作是构建和实施治理的契机，没有治理，数据管理项目就无法取得成功。

从您的角度来看，谁负责推动数据战略的创建和维护？哪些利益相关者需要参与这一过程？

如果组织已经投资并组建了一个集中的数据管理组织（DMO），那么它应该由首席数据官（CDO）或同等职位来领导。关键的审批者应该是业务部门和IT部门的高管。他们应该指定高级代表参与这项工作，还应包括其他一些着眼全局的公共服务部门代表，如数据分析、风险管理、企业架构、内部审计等。

数据管理组织是可持续性数据管理的支持者、倡导者和维护者，其关键交付包括：

- 数据战略（管理、架构和技术）。
- 数据质量战略。
- 元数据战略。
- 业务术语表。
- 企业（或业务领域）逻辑数据模型。
- 数据管理制度、流程和标准。

首席数据官应与同级别高管合作，指派具备不同领域知识的成员组成工作组。例如，在开发数据架构时，至少应包括一名企业数据架构师、业务和技术数据管理员，以及从主要数据库和关键运营系统中抽调的一些经验丰富的数据架构师。

建立完整、横向的数据战略是成功实现数据管理计划的基础，新任数据治理负责

人应该如何让高级管理层认识到这一点，并从中获得支持？对此您有什么建议？

这才是关键问题，不是吗？如何在整个企业范围内做好内部推广工作？

首先，我建议可以研究一下组织的业务战略（例如联邦或州政府机构的五年计划）。针对每个主要业务目标，分析实现这些目标所需数据的未来状态。

例如，一个软件产品公司的目标之一可能是在未来三年内将客户留存率提高25%。这对数据的影响可能包括及时准确的客户主数据、用于识别与客户留存率相关的分析（例如与客户留存率相关的产品销售情况）、改进客户联系方式分类，以及在门户网站上扩展自助服务功能。所有这些例子都依赖于当前数据状态。

其次，我建议您面谈所有业务线/职能领域的高管和首席信息官（CIO），了解以下内容：

- 如果他们在正确的时间、正确的条件下拥有正确的数据，他们可以做些什么，即他们对数据的期望。如果可能，让他们评估一下如果这些期望实现可以产生的价值。
- 他们在数据方面面临的主要问题是什么——无论是当前的还是预期的。探讨从当前数据状态到未来状态转变的阻碍是什么，并尽可能量化。

这些面谈的结果能够揭示当前所处位置和想要达到的目标之间的差距，即准备实现的目标和要解决的问题。参考组织的整体战略，这些分析将为您指明未来的状态，以及数据管理、技术和架构需要实现的目标。

最后，提出您的发现和建议，并阐明数据战略将如何推动组织发展，以及如何解决长期存在的问题。这种方法可以确保所有关键声音都能被听到、整合并反映在数据战略中。

第 3 章

数据战略PAC方法：
组件1——数据战略框架

> 战略就是做出选择、权衡取舍；就是有意识地选择与众不同。
>
> 迈克尔·波特（Michael Porter）

	第一部分	当前位置 ↓
1 数据战略 你真的拥有吗?	2 数据管理成熟度模型 数据战略的关键	3 数据战略PAC方法 组件1——数据战略框架
4 数据战略 哪些人要参与进来?	5 数据战略PAC方法 组件2——数据战略画布	6 旅程 通往有效数据管理 计划之路

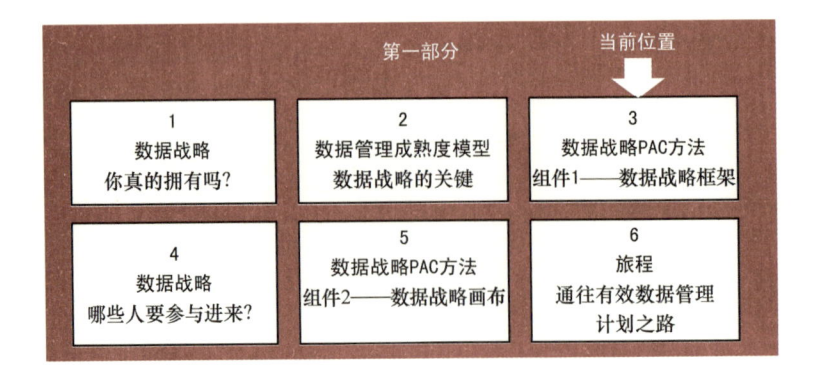

3.1 灵感的来源

根据《韦氏词典》的定义,"框架(Framework)"一词是指"一种基本的概念和结构(如思想)"。同义词库中给出的另一个定义是"给予事物基本形式的组件排列方式"。而我最喜欢的定义来自《剑桥词典》:"框架是指一种支撑性的基础结构,在其之上能够构建其他模块。"

在某些特定的领域中,框架的目的在于提供一个参考、一个起点。使用已有的车轮,可以让我们专注于创造附加价值——而不是重复制造车轮。在数据管理方面,没有比DAMA的数据管理框架(图10)更好的车轮了:在该框架中,数据治理位于车

DMBoK第二版数据管理框架
Copyright © 2017 by DAMA International

图 10 DAMA 数据管理车轮

轮的中心位置，并与周围的各个数据管理知识领域（或者，我更愿意称它们为"职能"）相交互。

DMBoK 第二版中包含了一个进化版的车轮（图11）。数据治理不再处于车轮的中心，而是处于外圈，将各个数据管理知识领域围绕在内；在这个版本的数据管理车轮中，我们可以观察到原先版本的各个部分是如何按照与数据生命周期更为相关的方

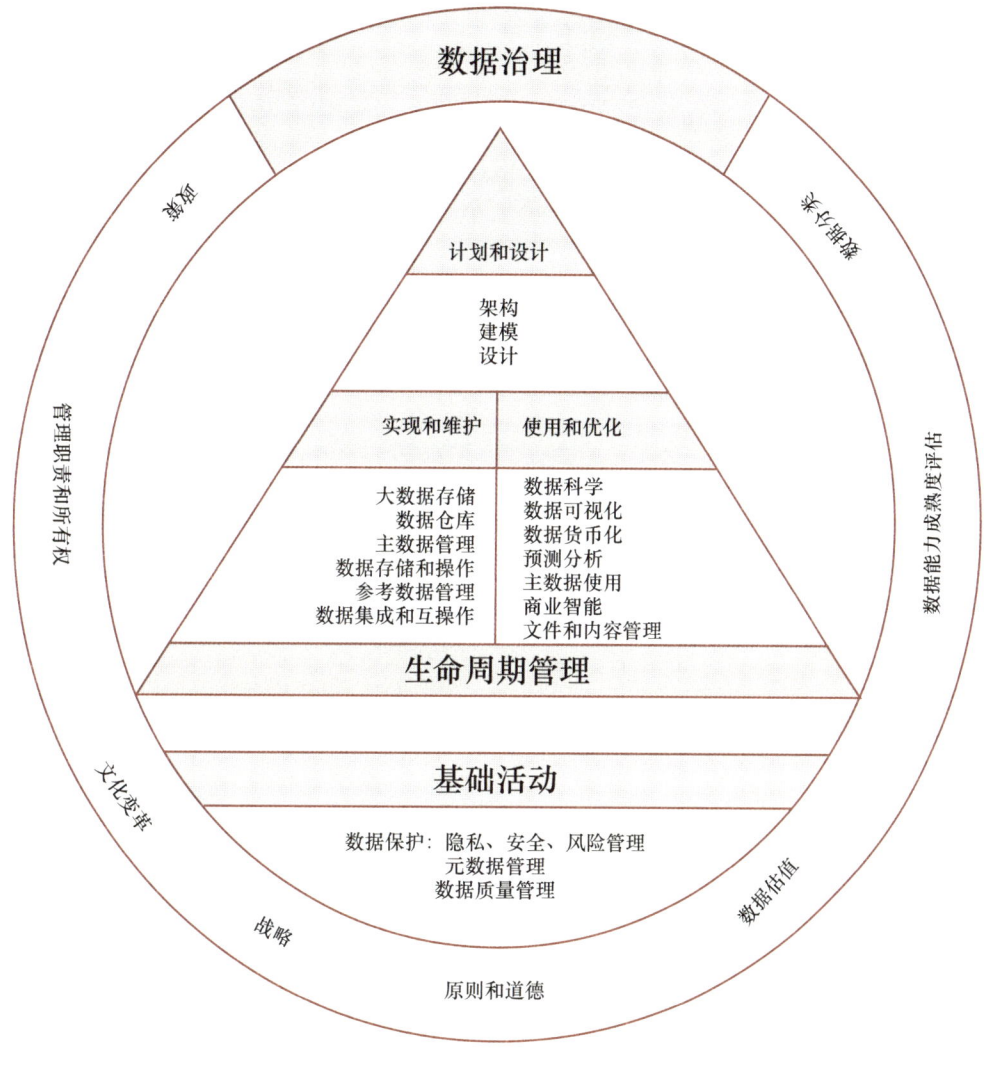

图 11 进化的 DAMA 数据管理车轮

式被重新排列；我们还可以看到，数据治理不再仅注重定义制度和标准，而是着眼于提升车轮中的各项能力。从我的个人角度来看，战略是最为重要的要素；如果有一个定义良好的数据战略，那么其他部分都能够在战略驱动下有效开展。

根据图 11 中的描述，数据治理的负责人是数据战略的协调者，而不是制定者。这一点将在第 4 章中详细讨论。

第 1 章中就说过，我的一个灵感来源是唐娜·伯班克设计的环球数据战略公司（GDS）框架（图 12）。正如这个框架所明确指出的，数据战略要求与业务战略保持一致。图中间部分排列的各项数据管理职能和底部不同类型数据源都表明了一个观点，即数据战略的目标是根据业务需求设定数据管理工作的优先级。

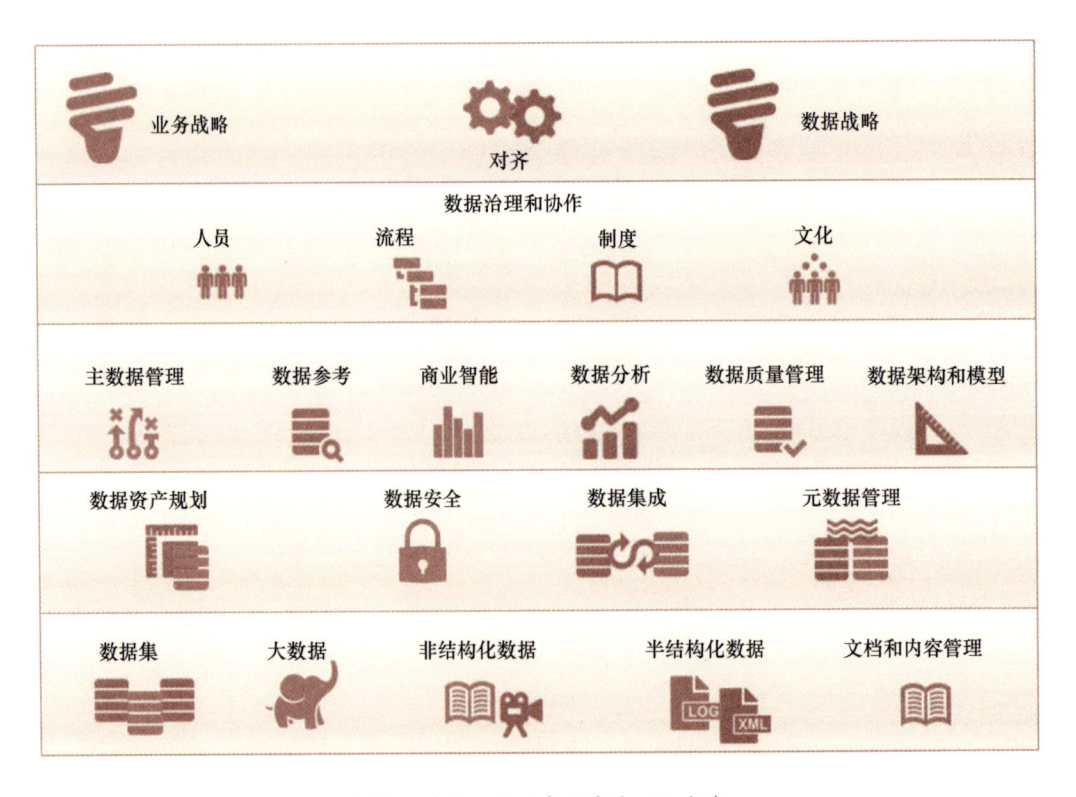

图 12 唐娜·伯班克设计的 GDS 框架

3.2 数据战略框架

在提到数据框架定义时，我们描述的是构建数据战略的结构。是的，"战略"一词使用了复数形式，因为我们需要的是一个战略的组合。首先，我们需要一个战略来定义解决业务需求所需要的数据，这样我们就能够确保数据与业务战略目标保持一致。此外，数据管理成熟度的水平决定了如何全面统筹数据管理的优先级。作为一个首要的职能，数据治理也必须有一个明确的战略。最后，由于它们的复杂性，每个数据管理领域都需要有自己的战略。数据战略的层次包括：

- **数据一致性战略**：在这个层次上，数据域务必与业务战略目标一致。
- **数据管理战略**：在这个层次上，定义不同阶段需要优先开展的数据管理职能。
- **数据治理战略**：在这个层次上，优先考虑数据治理的能力、结构，以及需要进行治理的对象。
- **特定数据管理职能战略**：在这个层次上，优先考虑每个数据管理职能的能力、结构和面向的数据域。

这些都必须与 IT 战略，即其中涉及的技术平台密切相关。

图 13 的**数据战略框架**展示了上述这些战略之间的关系。该框架在战略层面上展示了数据生态系统中需要考虑的所有要素：

- 四种数据战略类型（数据一致性战略、数据管理战略、数据治理战略和特定数据管理职能战略）。
- 其他相关战略（IT 战略、变革管理战略、沟通战略）也应存在并与数据战略相结合。
- 不同类型的数据源（位于底部）。

- 数据场景两个最关键的组件：

    1) 交易是结构化数据的主要生产者。

    2) 分析是数据的主要消费者。

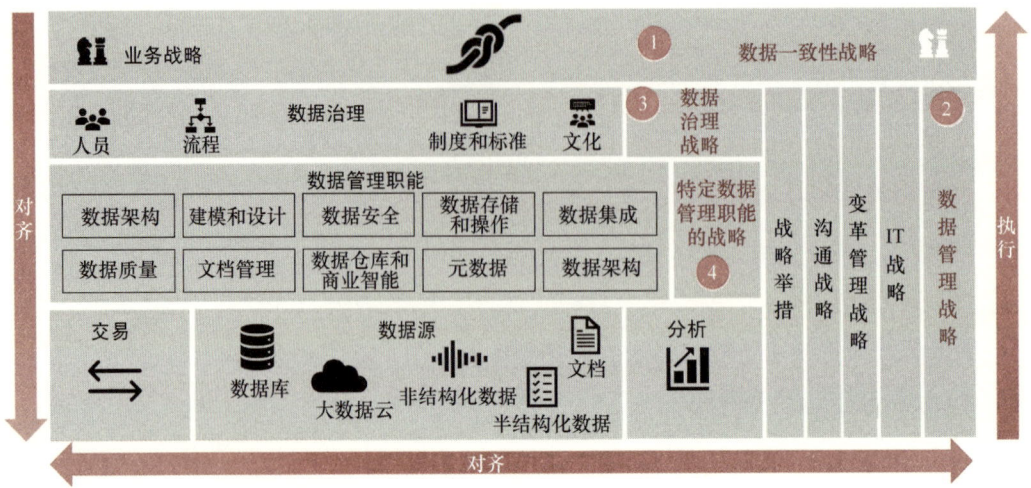

图 13　数据战略框架

框架中的每个要素都必须相互联系且保持一致：

- 战略的对齐是自上而下的，确保所有内容与业务战略相关联，并由业务战略衍生而来。
- 战略的执行是自下而上进行的。
- 在水平方向上，各个要素之间必须是双向对齐的。

制定战略并非易事，因为这需要付出努力，我们必须以一种非常务实的方式来完成这项工作。你的目标是制定一项让整个组织能够理解并投入实际使用的战略，而不是将它束之高阁。因此，**数据战略 PAC 方法**的核心是针对每个数据战略使用特定的画布，如图 13 所示（包括数据一致性战略、数据管理战略、数据治理战略和特定数据管理职能战略）。我们将在第 5 章中详细探讨这些战略。现在，我们先概要说明这些不同数据战略的目的和内容。

每个数据战略都需要响应当前状态的输入，这些输入包括更好处理数据的动机、与数据相关的行为以及与数据相关的痛点（图14）。

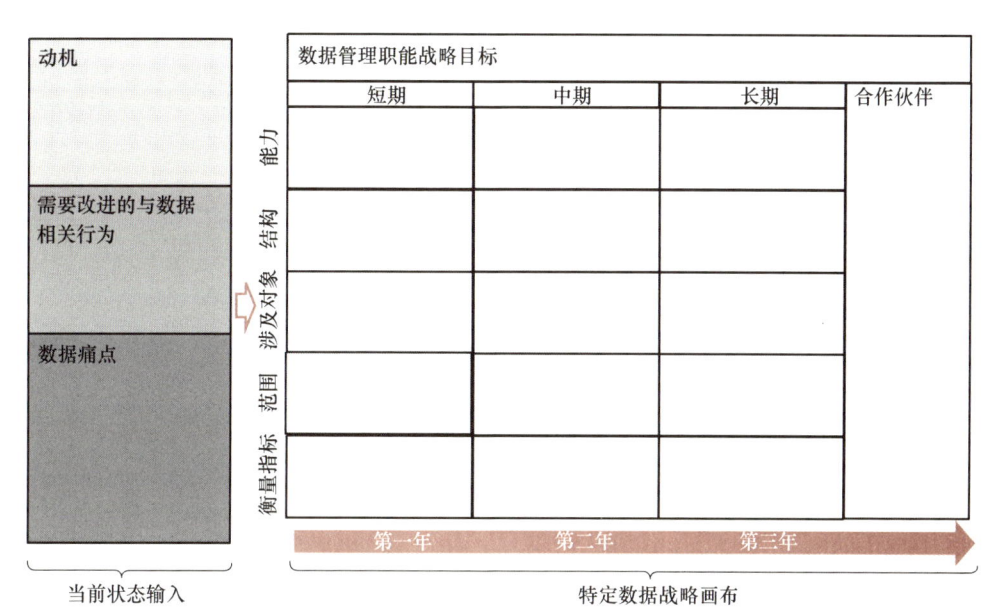

Copyright © 2023 Marilu Lopez, Servicios de Estrategia y Gestión de Datos Aplicada, S.C.

图 14　数据战略的输入

- **动机**：代表组织想要建立或优化数据管理的原因。动机的例子可能包括：
    1) 获得准确的数据以产生可靠的洞察和客户知识。
    2) 获得准确的数据以改善客户体验。
    3) 降低不符合当地法规的风险。
- **需要改进的与数据相关行为**：成为数据驱动型组织取决于数据文化的创建。有效的数据管理项目涉及流程、技术和人员。通常情况下，流程失败是因为没有考虑到人员因素。当提及处理数据时，数据战略必须追踪到人们目前处理数据时的所作所为，尤其是与预期方向不一致的行为。那些不应该出现的行为例子包括：
    1) 生成的报告未记录使用的数据源。

2) 使用未授权的数据源。

3) 未记录元数据。

- **数据痛点**：数据战略必须回应当前与数据相关的重大问题。一些例子包括：

    1) 由于向监管机构提供质量低劣的数据而导致罚款增加。

    2) 重复的客户数据影响交叉销售的有效性。

    3) 销售部门生成的报告与财务部门生成的报告不一致。

所有这些输入都必须根据它们的潜在影响（如运营、财务、法律方面）程度进行优先级排序，以指导数据战略行动的优先级。

3.3 数据一致性战略

从与业务战略目标（例如，客户增长15%、利润增长10%、净推荐得分增长5%等）保持一致开始。这些数字听起来很简单，但需要让大家明白它们的具体含义。数据一致性战略识别了可以用来实现业务战略的数据。

如果组织已经拥有的和需要的数据之间存在差距，那么数据战略的一个目标便是识别这些差距。就战略本身而言，数据是否存在于组织内部并不重要。如果存在差距，这就是战略必须解决的问题。这里需要双向保持一致。在图13中，按从左至右的顺序，业务战略必须设定组织需要采取行动的方向。它代表了数据一致性战略的基本输入。按从右至左的顺序，识别对新数据的需求，或是从现有数据中提取业务洞察信息，能帮助识别新的业务机会。

数据一致性战略作为最重要的一个数据战略，同样需要识别数据的生产者和消费者。识别出的数据域（如客户、产品、供应商、员工、发票等）必须对应于相应的业务战略目标、业务动机，以及最重要的业务数据痛点。挑战便从这里开始了。尽管图14中所示的输入通常是存在的，但往往缺乏文档记录。当业务战略也没有文档记录时，挑战会变得更加艰难。利益相关者必须就指导其工作的三大战略达成一致。

正如我们将在第 4 章中探讨的那样，对这个首要数据战略的制定，需要有代表各个不同部门的利益相关者参与，他们都有数据需求和数据痛点。数据一致性战略能够建立共识基础，例如，利益相关者必须就数据原则和数据管理价值主张达成共识。达成共识并非易事，但是我们可以通过敏捷的方式来完成。在第 5 章，我们将讨论框架中包含的每项数据战略的具体画布。

3.4 数据管理战略

制定数据一致性战略后，下一步是从数据管理的角度确定优先事项。其中包括由参与战略定义的利益相关者确认需优先处理的数据痛点。添加关于数据管理计划或数据驱动转型举措的动机。第三个输入是列出需要改变的人的与数据相关的行为。我们将在第 4 章中看到，相比定义数据一致性战略，参与定义数据管理战略的利益相关者群体将小很多。

需要优先考虑的一个重要主题是正式的数据管理职能——框架的中间部分（图 13）。每个方框代表 DAMA 车轮的一个切片。当我基于 DAMA 车轮进行数据管理教学时，经常收到大家的反馈说不知道从哪里开始工作。一旦他们了解了每个切片代表的含义，就会更加感到不知所措。这类似欧几里得几何中的三脚凳理论或三脚架理论。

这个理论表明，同样品质的三脚凳比四脚凳更加稳定。这也就是三脚架原理。原因很简单，但要想解释清楚，我们必须借助欧几里得几何中的公理。我们知道，平面是由位于同一维度或 "Z" 坐标的若干个 (X, Y) 点形成的二维曲面根据欧几里得几何原理，三个点就可以定义一个平面。所以，当一个凳子有三条腿时，通过这三个点的组合只会形成一个平面。而当一个凳子有四条腿时，通过其中三个点的组合会形成多个不同的平面。因此，如果存在某种程度上的不规则，凳子就会摇晃。

利用这个类比，如果我们想要取得成功和一些良好的进展，最多只能同时正式展开三项数据管理职能。这就好比凳子的三条腿，其中一条腿始终是数据治理，另外两条腿是根据与数据相关痛点的优先级来定义的。这是一个非常实用的提醒，用于确定开展数据管理职能建设的优先级。这一点要在数据管理战略中得到体现，通常数据管理战略以三年的时间范围进行规划。这样，每年我们都可以更换 1~2 条凳子腿作为当年的重点工作。当然，与其说这是一条严格的规则，不如说这是一条务实和现实的建议。

除了以上提到的方面，还有其他方面需要优先考虑。像我们提过的，根据三脚凳理论，三条腿之一必须是数据治理。那么，首要考虑的是建立数据治理能力。第 2 章讨论了基于能力的数据管理成熟度模型指导数据管理战略的优势。同时，我们还需要确定在不同阶段（短期、中期和长期）所要关注的具体数据域。必须优先考虑对数据源的管理。

优先级排序的一个好处是能够管理整个组织对实现数据管理计划的期望。因此，列出正在执行的战略举措同样非常重要，可以利用它来选定准备建设的数据管理职能。我们还需要清楚地了解数据管理举措以及我们期望它们所实现的目标。最终，我们需要确定衡量指标以确认进展是否顺利。

3.5　数据治理战略

当完成数据管理战略的总体优先级排序后，就可以进入数据治理战略了，这是我们需要努力完成的凳子的一条腿。在这个框架中，没有哪个战略是孤立的，它们相互关联但又专注于不同的主题。数据治理战略的核心目的是明确团队的期望。多年来，我发现大多数冲突都是沟通不畅和未管理期望导致的。因此，数据治理战略的目标是定义范围并明确设定短期、中期和长期的优先级。它必须包括明确不做哪些事情。除了以业务战略目标为起点的数据一致性战略外，其他战略需要确定所涵盖主题（数据管理、数据治理、数据架构、数据质量等）的具体战略目标。这些战略目标、开展数据管理计划的动机、需要改进的行为以及与数据相关的痛点都是数据治理战略的输入。

优先考虑的方面包括：

1. **能力**：根据组织的数据管理成熟度模型（见第 2 章），我们必须将优先考虑的数据治理能力分为三个阶段（短期、中期和长期）。数据管理成熟度模型所推荐的能力是制定路线图的基础。围绕这些能力展开，我们还可以添加组织需要的特定能力，如创建与数据相关的制度清单、将数据制度纳入企业制度管理流程等。

2. **结构**：指的是我们在短期、中期和长期范围内预期拥有的不同角色。这包括不同的角色和预期资源数量（数据治理负责人、数据质量负责人、元数据管理负责人、三名客户数据管理员、一名数据建模师、一名架构师等）。它同时包括治理机构（数据治理委员会、数据监管员委员会、术语表工作组等）。

3. **需要进行治理的对象**：对需要进行治理的对象做优先级排序，以此确定数据治理的范围。排序的关键是要明确数据治理的意义必须立足于支持业务目标。这里的对象可以是数据域（客户、产品、发票等）、流程（销售、账户开立、数据采集、数据提供等）、数据源（数据仓库、数据湖、主数据等）甚至报告（盈利能力、索赔等）。

4. **范围内的组织单位**：通常情况下，数据问题最严重的部门应该成为最高优先级合作单位，因为它们最有可能从数据治理工作中受益。同时明确哪些领域将成为中期或长期目标。一次性实施全面治理（即所谓的"大爆炸"）复杂程度很高，并且很可能失败。

5. **衡量指标**：我们如何计划去衡量数据治理工作的进度和有效性？衡量指标必须不断完善，不仅基于指标的范围和复杂性，还基于实施的能力。以制度指标为例，或许在第一年，我们希望根据规划的制度列表来衡量各项制度编写的完整性和审批发布的进展情况。相比之下，一旦管理制度进入发布执行阶段，更适合选用合规性指标进行制度情况评估。

要识别出那些会帮助我们推进数据治理战略执行的合作伙伴。一个好的合作伙伴的例子是业务部门负责人。他们是由于缺乏数据治理而受到高度影响或痛点最大的高级人员，他们也将是数据治理的最早受益者之一。在部门内部沟通方面，我们期待所有成员也能建立起密切合作的伙伴关系。

3.6　特定数据管理职能战略

一旦定义了数据管理和数据治理的战略期望，就该为每项数据管理职能制定战略了，可以从三脚凳的另外两条腿开始。该战略应基于动机和痛点，并与业务目标相连接。这些数据管理职能的输入与数据管理和数据治理战略中的输入相同：动机、要改进的与数据相关行为和与数据相关痛点。同样，第一步是确定该职能的战略目标。

优先考虑的类别包括：

1. **能力**：能力取决于我们正在执行的每项数据管理职能以及我们所处的阶段。假设我们正在为数据质量定义战略。首先要解决的能力包括建立数据质量管理流程、创建和批准数据质量计划，以及生成用于识别关键数据的流程。这些职能可能是数据管理成熟度模型建议的职能，也可能需要确定一些额外的特定职能及其优先级，例如清点关键业务流程、开展数据分析和根本原因分析。

2. **结构**：本节列出了每个数据管理职能在各阶段预期的具体资源要求。再以数据质量为例，短期内可能只需要一个数据质量负责人和一个数据质量分析师；但从中期来看，我们期望有两名数据分析员、三名数据质量分析师和五名数据管理员。

3. **参与对象**：定义所描述数据管理职能的范围，并设定期望解决的内容。同样以数据质量为例，我们可以优先考虑那些识别出关键数据并需要监控的关键业务流程。

4. **范围**：为每个阶段（短期、中期和长期）设定期望，并非常明确地说明每个阶段的范围。继续以数据质量为例，我们可能希望将数据质量管理的范围限定为客户数据。

5. **衡量指标**：通过衡量指标可以将战略与执行联系起来。在这里，我们优先考虑随时间变化的指标和度量，指标也会因我们讨论的数据管理职能不同有很大差异。

3.7　IT 战略的角色

因为数据的生产和使用依赖于 IT，所以了解数据战略与 IT 战略的关系非常重要。IT 代表是定义数据战略的利益相关者之一（将在第 4 章讨论）。所以，只要制定数据管理战略，就需要与 IT 团队进行讨论，以确保 IT 战略支持数据战略的目标。例如，如果数据管理战略要求在短期内建立元数据管理能力，那么我们必须确保 IT 战略在短期内包含元数据管理架构的评估和实施。当然，我们还必须确保 IT 战略与数据治理战略保持一致。因此，IT 战略应包括评估、获取和实施支撑数据治理战略所需的技术平台。

3.8　变革管理战略的角色

许多数据管理实践对某些组织来说是全新的，至少在管理和表达方式上如此。这意味着数据管理需要人们改变工作方式。因此，如果组织内有变革管理部门，获得该部门的支持是非常重要的。数据战略必须与变革管理团队进行沟通，并与相应的战略（如果存在）保持一致。识别和培训"变革倡导者"是联系数据战略与变革管理战略的关键组成部分。

3.9　沟通战略的角色

如果要让我为前面讨论的所有数据战略提供一个建议，那就是 3C 建议：沟通（Communicate），沟通，还是沟通。总体战略，尤其是数据战略，必须实现民主化。组织中的每个人都应感到与数据战略的联系，并且能够方便地获取它们。如果公司内部存在专门的沟通部门，应与他们共享数据战略。数据战略应与他们的沟通战略保持一致，并利用好现有的基础设施，避免沟通工作发生冲突。

3.10　战略举措

大多数组织都有一项足以推动整个组织发展的战略举措。例如，数字化转型、向数据驱动型组织转型、公司合并或剥离。哈坎·埃德文森将此称为"引力"，意味着"组织中有些事情正在发生。这些事情以巨大的力量撼动了整个组织，引发了人们的关注"（Edvinsson H., 2020）。

因为这些战略举措是重中之重，它们通常是传递数据治理规则，展示特定数据管理职能价值以预防数据痛点发生的最佳候选对象。

3.11　数据源

数据源是需要治理的对象之一。数据源分为不同类型，包括事务型数据库、操作型数据库、历史数据库和非结构化数据源。在非结构化数据源中，我们可以从呼叫中心的录音、互联网、电子邮件中找到客户的反馈意见。必须确定数据源的优先级，以指导数据治理行动。

最终，所有数据源都需要进行治理。以下是需要优先治理的数据源类型（注意：这些类型的数据源不一定互斥）：

- **数据库**：通常是关系型数据库，但我们仍然可以找到与历史遗留系统相关的层次型数据库。这些数据库主要由事务型系统产生和更新数据。
- **大数据云**：指主要用于运营支持和分析的数据存储库。这些存储库通常结合了结构化、非结构化和半结构化数据。通常，我们会发现这些存储库部署在云端，但鉴于这种分类与技术相关性更强，我们也可以将本地存储库包含在内。

- **非结构化数据**：指音频、视频或文本等非结构化数据源。例如，来自呼叫中心的录音。这些数据可以文本化，然后经过分析转换为有意义的结构化数据。非结构化数据可以分为重复性的和非重复性的两类（Inmon, Lindstedt, & Levins, 2019）。

- **半结构化数据**：这种数据不符合结构化数据模型要求，但具有一定的结构。它没有固定或严格的模式。这些数据不存储在关系型数据库中，但在一定程度上呈现出有组织的特征，更易于分析使用。通过一些处理流程，我们可以将其存储在关系型数据库中（Geeks for Geeks, 2021）。例如，电子邮件、XML 文件、TCP/IP 数据包和二进制可执行文件。

- **文档**：数据也可以作为物理文档的形式存在，可以通过文档管理系统进行数字化、存储和管理。

3.12　事务

在定义数据战略时，我们必须考虑数据生态系统的两个主要组成部分：数据生产者和数据消费者。事务性环境产生大部分结构化数据。这包括由事务系统支持的业务流程，以及使用这些系统开展日常业务的人员。事务数据通常存储在联机事务处理（Online Transaction Processing, OLTP）系统中的规范化表中，具有良好的完整性。这些数据通常被集成到一个分析环境的数据存储库中，便于进一步使用。事务性数据也可来自组织外部的数据源。在定义要进行治理的对象时，必须掌握相关环境的整体情况，了解不同数据源是如何产生数据的。

3.13 分析

当被问到为什么数据分析不属于数据管理职能范畴时,我的回答是它不是数据管理的一部分。这是一个哲学问题,因为它们彼此之间密切相关。由于专业分析人员在查找、理解和清理数据方面做了大量工作,有些人可能会认为这是数据管理的另一个职能。但并非如此。数据管理是在数据生命周期中必须做的所有工作,以确保数据状态良好且具备满足使用要求的高质量。而分析则是为了获取业务洞察、预测未来、提供建议而对数据所进行的消费。分析专业人员是数据消费者;他们是数据管理的客户。

以餐饮体验为例。厨师的目标是创造美妙的烹饪体验,让享用美食的人回忆起来依旧念念不忘。当你品尝一道使用优质食材(质量)制作的创意菜肴(架构和设计),并以独特、平衡的方式搭配美妙的葡萄酒(集成)时,你就获得了一次绝佳的体验。你不用担心你享受的菜肴使你生病(安全),而整个体验还包括用餐服务(运营)和向你解释吃了什么东西(元数据)。但是,烹饪和摆盘(可视化)是使食材准备好被享用(分析)的关键,其成功与否在很大程度上取决于前面提到的所有要素(数据管理)。

3.14 关键概念

数据战略框架是一种可用于构建不同类型的数据战略的可视化结构,用于说明这些战略之间以及它们与组织中其他现有战略的关系。

3.15 牢记事项

1. 数据战略不是单一的，而具有多样性。它由一组不同的数据战略构成，每个战略都有不同的视角。
2. 所有数据战略必须与组织中其他现有战略（业务战略、IT战略、变革管理战略和沟通战略）紧密相关并保持一致。
3. 数据战略的主要目标是随着时间的推移优先考虑有限资源的使用，并设定明确的期望。数据战略必须民主化，要在整个组织中方便查找、理解和使用。

3.16 数据战略名家访谈

采访对象：詹姆斯·普莱斯（James Price）[①]。

詹姆斯·普莱斯是一位在信息行业拥有30多年经验的数据管理思想领袖。作为一位国际知名的作家和演说家，他是 Experience Matters 公司的创始人。该公司帮助客户保护数据、信息和知识，并使其价值最大化，解决了信息资产对组织至关重要但又普遍缺乏有效治理和管理的问题。他在南澳大学的工作被全球最具影响力的IT行业咨询公司 Gartner 评价为"无与伦比"，其研究成果被誉为"极具开创性的"。他是《领导者数据宣言》的合著者，也是数据领导者组织（www.dataleaders.org）的主席。

鉴于您在数据管理和数据相关领域拥有的丰富咨询经验，您认为在您的客户组织中，明确定义了横向数据战略来指导数据相关工作并响应业务战略的情况多吗？

《牛津词典》将战略定义为"旨在实现长期或总体目标的行动计划"。为避免歧义，我使用最广泛的数据定义，包括所有数据、文件、档案、发布的内容和知识。一

[①] https://www.linkedin.com/in/james-price-experiencematters/

个明确定义的数据战略应当在正确的时间（及时并以正确的方式）将正确的（高质量的）信息传递给正确的（而非错误的）人。

一篇名为《组织中的信息资产管理：综合模型的开发》的论文中提到一个定义明确的数据战略应该涵盖10个领域。您可以在以下链接找到该论文：

https://www.experiencematters.com.au/wp-content/uploads/2021/07/Information-Asset-Maturity-Model-2021.pdf

我们的全球研究显示，这些领域中的每一个对于战略的成功都至关重要。

我认为既能指导数据相关工作，又能响应业务战略，还能定义清晰完善的横向数据战略是非常少有的。许多组织都有针对信息资产环境领域的数据战略，其中涵盖了数据治理的部分内容。

您认为数据战略在数据驱动转型的成败中扮演了什么样的角色？

数据战略是数据驱动型转型举措的重要指南，它提供了如何实现该目标的路线图。

数字化转型的宗旨是以客户为中心和消除业务摩擦。如果没有高效和有效的数据管理，就无法做到这一点。如果不知道你的客户是谁，怎么以客户为中心？如果不能即时访问制定业务决策和处理交易所需的数据、信息和知识，如何实现无摩擦的业务体验？

数据战略应阐明组织当前的业务和数据实践，包括对业务的影响，组织对未来的愿景，以及如何从当前所处位置上升到它想要的位置。数据战略是实现数据驱动型转型的关键推动因素。

从您的角度来看，谁负责推动数据战略的创建和维护？哪些利益相关者需要参与这一过程？

要确定哪些利益相关者需要参与创建和维护数据战略的过程，了解业务治理、资产治理和资产管理之间的区别至关重要。治理是关于监督和控制的；业务治理是关于谁做出决策的；资产治理就是做出这些决策并实施它们；资产管理则是关于日常运营的。

在组织治理中，董事会和首席执行官（CEO）决定谁负责组织金融资产的管理，并任命该人员担任首席财务官（CFO）一职。首席财务官对金融资产负有真正的责任，如果首席财务官对资金管理不善，将会被解雇，如果他挪用资金，还会锒铛入狱。这才是真正的问责制。

首席财务官制定财务战略和年度预算，谨慎地向下委派财务权力，并衡量和报告收支情况，这是组织财务资产的治理。获得授权的财务人员依据财务战略和年度预算使用组织的资金，这是对组织财务资产的管理。

对于数据、信息和知识资产来说，模式类似。董事会和首席执行官应该指定某个人对组织中的数据质量负责。此人相当于数据首席财务官，也许可以称为首席数据治理官，需要对数据进行治理。此人应该对数据战略以及良好管理数据所需的工具和授权负责。管理好数据资产的责任在于组织中的每个人。关于角色，我们不应该纠结于数据所有者、数据保管者、数据管理员等之间的区别；这些名称只是把水搅浑了。我们需要的是明确的问责制和责任感。

建立完整、横向的数据战略是成功实现数据管理计划的基础，新任数据治理负责人应该如何让高级管理层认识到这一点，并从中获得支持？对此您有什么建议？

提高高级管理人员的意识并获得他们的支持是必要的。我们刚刚讨论了资产治理和资产管理的区别，以及它们的分工——显然治理应由组织的最高管理层来负责。

但事情远非如此简单。以项目为基础进行投资是没有意义的；为了成功实现转型，需要不断改进数据、信息和知识的管理方式。持续改进需要持续投资，持续投资需要对数据质量和随之而来的业务效益进行持续的衡量。在论证投资的合理性时，没有哪个首席财务官会考虑一个没有业务需求的商业案例。一旦有了需求，首席财务官也会要求有可接受的投资回报。而且随着时间推移，首席财务官只有在实现预期收益后才会进行持续投资。

第4章

数据战略：哪些人要参与进来？

> 通过使用类似外交技巧的方式争取减少形式主义，并努力避免传统数据治理过程中的强制性做法。
>
> 哈坎·埃德文森（Håkan Edvinsson）

4.1 应该由谁制定数据战略？

通常，业务战略是由少数精英高管们制定的，这使业务战略蒙上了一层神秘的面纱，所以很少看到业务战略在整个组织中得到广泛宣传。如果组织中有所谓的"数据战略"，往往也是由 IT 高层管理人员制定的，这种战略更加关注技术层面，因而称为"技术战略"更加准确。但是，我们想要的其实是一种与业务战略保持一致的完整的数据战略，这个战略应该考虑到组织的各个部分，并解决所需数据、原则、价值取向、所需能力、资源优先级、战略举措和衡量指标等问题，以便有效地应对业务需求和数据痛点。那么，应该由谁制定数据战略呢？

我早年在一家银行从事 IT 工作时，亲历过部门每年都精心组织一支团队进行技术考察，目的是探索用来支持业务战略的新技术，而这个业务战略是由业务领域的团队精心制定的。这些成果本可以广泛传播，但事实并非如此。类似的故事在许多组织中都会发生。历史上，战略背后的核心理念是保密。正如杜牧在注释《孙子兵法》时所指出的："无形者情密，有形者情疏；密则胜，疏则败也。"

我们常常会从与其他组织竞争的角度来考量战略。通过隐藏底牌的方式在竞争中获取优势只是一个方面，战略能够得到有效执行也是至关重要的，而这意味着组织中的员工需要充分理解战略。与孙子的思想不同，我认为数据战略必须大众化，而非隐匿化。数据战略应该明确定义、广泛传播，让每一个参与数据战略的人都能够理解。要实现数据战略的大众化，需要让数据的生产者和消费者都参与到合作中，为整个组织的利益服务。数据战略框架（见第 3 章图 13）显示，来自所有业务部门和共享服务部门的代表们必须共同确定数据一致性战略（最高级别的数据战略）。他们必须能够讲出他们与数据相关的痛点。如图 15 所示，随着我们明确其他数据战略（数据管理战略、数据治理战略和各类数据管理职能战略）的细节，直接利益相关者的类型和数量都会有所减少。但是，由于数据一致性战略对其他数据战略的指导作用，横向联系的要求依然存在。

Copyright © 2023 Maria Guadalupe López Flores., Servicios de Estrategia y Gestión de Datos Aplicada,S.C., segda.com.mx

图 15　数据战略——涉及的利益相关者

《开放战略》一书描述了成功的企业如何通过开放来保持行业领先地位（Stadler, Hautz, Matzler, & Friedrich von den Eichen, 2021）。第一个案例研究描述了阿肖克·瓦斯瓦尼（Ashok Vaswani）在 2012 年执掌巴克莱银行英国零售业务时采用的战略方法：

瓦斯瓦尼认为有一种更好的方法来制定战略，即如果普通员工从一开始就能参与战略的制定，他们就会对战略有更多的兴趣和更好的理解，并尽最大努力去执行。与此同时，如果领导者能接触到一线员工关心的问题，他们就能制定出更细致入微的计划，也能更好地传达战略。

这正是我对待数据战略的态度！数据战略必须是开放的，并能全面代表整个组织。为了实现数据战略的开放性，首先需要确定谁应该参与到数据战略的制定中。在第 7 章中，我们推荐通过召开研讨会的方式来制定数据战略。

图 15 展示了如何通过识别利益相关者来推进数据战略的制定。不同组织的细节会有所不同。虽然这个模型是为大中型组织开发的，但中小型组织也可以采用该模型。在确定利益相关者时，要考虑到负责组织运营中不同方面的人员，如运营、财务、管理、营销等。在此过程中，要始终秉持开放的态度制定各类数据战略，详见下文。

数据一致性战略：根据第 3 章的阐述，我们应该优先确定数据一致性战略，它是推动其他战略实施的核心动力。这一步需要明确以下内容：

- 阐述组织的动机（业务战略目标）所需的数据域。
- 需要改进或调整的与数据相关的行为。
- 与数据相关的痛点。

考虑到数据痛点可能无处不在，这样做需要来自整个组织范围内的代表（如不同的业务线、财务、法律、人力资源、IT、数据治理、任何与数据相关的部门、企业架构或类似拥有组织整体视角的部门）。

制定数据一致性战略的利益相关者必须对 3~5 个最优先的业务战略目标达成共识。在对目标达成共识后，利益相关者就可以对动机、行为和数据痛点进行优先级排序。这些优先级排序将成为制定数据管理战略的主要决策依据。

数据管理战略：制定数据管理战略的主要输入是数据管理动机、需要改进或调整的数据相关行为以及数据痛点的优先级列表。我们可以依据数据一致性战略所确定的优先级顺序找到可以为数据管理职能做优先级排序的业务利益相关者。数据治理团队和 IT 利益相关者也必须参与其中。数据治理团队负责监督数据战略的执行，IT 团队负责为高效的数据管理提供技术支持。企业架构负责描绘数据战略的整体范围以及在企业中的定位。

数据治理战略：数据一致性战略和数据管理战略为数据治理战略提供输入，包括动机、行为和数据痛点的优先级列表。数据治理战略的目标之一是确定要治理的数据和对象（如监管报告、数据存储库、业务流程等），以及随着时间推移得到的治理能力。该定义包含了执行能力所需的角色。

由于数据治理团队成员负责协调数据战略的制定，他们知道并理解数据一致性战略，可以依据它来制定数据治理战略。与开放战略的思路一致，所有数据治理团队成员都要为数据治理战略做出贡献，而不仅仅是数据治理负责人。

特定数据管理职能战略：每个数据管理职能战略（数据架构、数据建模、数据集成、数据质量等）的利益相关者应由执行数据管理职能的团队及数据治理团队共同组成，或者至少应该包含相关领导者。

4.2 数据治理负责人：大师级协调家

数据战略的制定与许多人利益攸关，但数据治理的进展并不会因为他们认识到这一利害关系而自然发生。因此必须有人对数据战略的阐释、执行、演化等过程进行协调。这是数据治理负责人的职责所在，该角色需要完成以下工作：

- 让利益相关者参与进来。
- 确保战略建章立制。
- 充当数据战略的管理人。
- 对数据战略进行宣传，与利益相关者进行沟通。
- 确保将这些战略纳入企业年度战略规划中。

要将数据作为"战略资产"来对待，就必须开展这些工作。

多年来，数据治理负责人的角色一直与制定政策和标准、监督数据生态系统并解决数据问题密切相关。在许多组织中，数据治理团队被视为强迫性的存在——他们会强加一些大多数人既不理解、也看不出其意义的苛刻要求。这会对遵循数据治理举措开展工作造成相当大的阻力。哈坎·埃德文森主张将外交领域的原则引入数据治理当中。正如他所指出的:"仅仅关注数据错误意味着将数据治理目标设定得非常低,只能使数据从糟糕变成不糟糕。"(Edvinsson H.,2020)数据治理的作用应该更加广泛,能通过促进业务与数据战略的协同一致,引导数据环境和文化的演变。

如果我们再看 DAMA 的"进化车轮"(见第 3 章图 11),会发现外圈其实包含了数据治理在组织中推广的所有主题,已经远远超出了规章制度的范畴。在图 16 中可

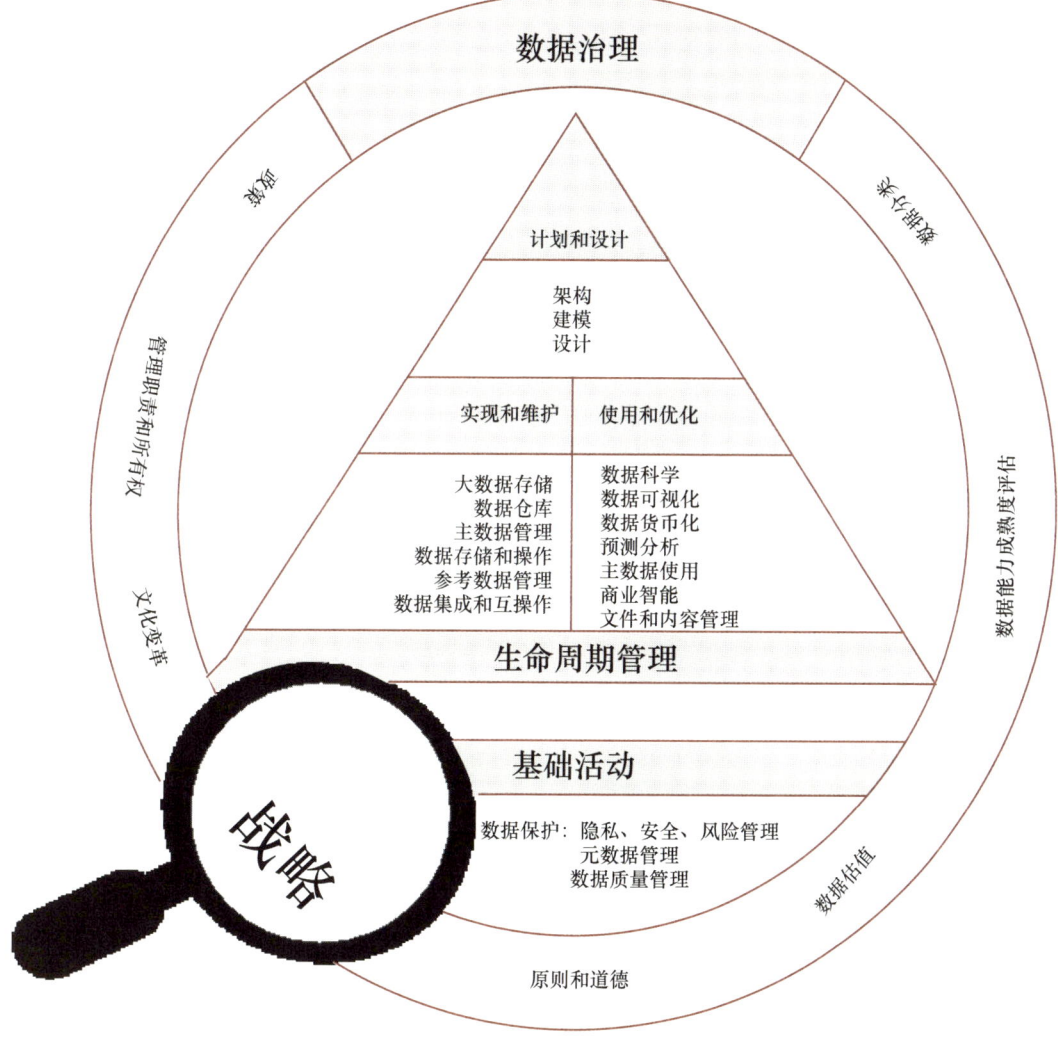

Copyright © 2017 by DAMA International

图 16　战略是数据治理工作的一项核心内容

见，外圈包含了战略主题，这印证了我的一个观点：数据治理负责人（及其团队）必须"协调"数据战略的工作。

数据治理负责人的角色在协调数据战略的制定、沟通、维护和执行方面富有挑战性，在实施有效和可持续的数据管理计划方面也是如此。最大的挑战包括：

- 确立最高管理层的领导和承诺。
- 制定明确的数据战略并广泛传播。
- 描绘商业案例以获得持续性资助。
- 识别直接影响数据质量的关键数据。
- 制订更好的数据计划并督促人们执行。
- 像管理数据一样管理元数据。
- 建立稳固的业务和IT联盟，实现多职能数据管理。
- 管理数据的整个生命周期。
- 拥有有效、敏捷的技术支持。
- 拥有有效的沟通战略。

数据治理团队为制定清晰明确的数据战略做出了重大贡献（第二点）。为了实现这个目标，面临更具体的挑战如下：

- 让正确的利益相关者参与数据战略的制定。
- 生成与业务战略相匹配的数据战略。
- 指导并监控数据的使用，使其与业务战略保持一致，同时作为数据战略执行工作的一部分。
- 基于制定数据战略时所确定的原则进行治理，将数据作为一项资产对待。
- 根据数据战略所确定的优先级制定制度，并确保制度得到遵守。
- 在培养数据主人翁意识的同时，避免建立强制治理机制。
- 保持灵活性并合理设定规则，避免陷入可能遭到拒绝的僵化控制。

- 采用人们可以直接上手的简单治理模型，同时考虑组织的文化背景，以及利用现有的组织流程。
- 找到能够衡量战略有效性的指标，而不是易于计算的指标。
- 确保将数据战略纳入业务战略规划之中。
- 确保数据战略的执行。
- 对数据战略、执行进度和价值产出进行有效沟通。

第 7 章详细介绍了制定数据战略并将其纳入业务战略规划所需的步骤。"数据战略协调者"（Data Strategies Orchestrator）是这一过程取得成功的基石。

4.3　挑选利益相关者

正如第 4.1 节所述，确定哪些人必须参与数据一致性战略的制定至关重要，其中一些利益相关者还将对后续的数据战略（如数据管理战略、数据治理战略和特定数据管理职能战略）做出贡献。此处对各利益相关者在组织中的级别没有严格要求，重点在于每个参与者都要有一定的影响力，同时拥有深厚的业务流程知识，并了解数据痛点。参与这项工作的人员很可能既包括领导层，也包括执行层。核心要求是成员必须充分了解他们感兴趣的流程，以及支持相关流程操作所需的数据。总之，他们必须了解自己在数据方面通常面临的问题。我们可以通过在现有的高管例会上介绍制定数据战略的商业案例，识别出这些关键参与者。获得领导层的支持和承诺对获得资金以及促使利益相关者优先参与相关工作至关重要。

我们将在第 6 章中看到，在尝试制定数据战略之前，必须确保整个组织对数据的概念有基本了解，并评估组织在数据管理实践方面的现状。如今，大多数组织或多或少都具备一些数据管理的职能。在培训和成熟度评估会议期间，我们可以邀请一些关键参与者来制定数据战略。他们参与培训和评估环节的表现反映了他们对业务流程的知识和掌握程度以及他们在数据方面通常面临的问题。因此，不要跳过这些培训和评估环节。它们将有助于围绕数据建立一种共同语言，并为形成基于数据的文化奠定坚实基础。尤为重要的是，这些现状分析会还有助于识别那些能够为数据战略做出贡献的人。

4.4 真正的赞助方不仅仅是出资方

当然，在开始实施数据战略前，我们需要得到高级管理层的支持，但这可能会很有挑战性。大多数高级管理人员都会说数据至关重要，以及拥有支持业务决策的数据是当务之急。然而，落实到指派关键人员参加会议并确定数据战略时则会变成另一回事。

那么我们如何才能获得高级管理层的支持，从而制定出全面的数据战略呢？线索就在与数据相关的痛点上。正如哈坎·埃德文森指出的那样，不仅当前的数据痛点很棘手，而且如果没有一个好的数据战略，未来可能会出现的痛点也很棘手。拥有战略视角可以帮助组织预测并减轻因其选择而可能产生的各类问题。因此，我们必须把重点放在预防长期痛点和解决当前痛点上。与许多人一样，当提及现实痛点时，组织往往希望解决某个具体问题（例如，用户在访问商业智能报表或仪表盘时等待响应时间过长），而非考虑预防未来的问题。我接触过的大多数人都认为，制定一个好的数据战略非常重要，但他们并没有去制定这样一个战略，因为他们认为这么做需要花费太多时间，而且不能解决眼前的问题。

许多公司对技术平台进行了大量投资，以期解决数据问题、洞察组织经营状况并做出更好的决策。但很多时候，这些投资都会带来失望和挫折。几乎所有组织都有关于技术投资未能带来价值回报的故事，它们可以作为失败案例被记载。制定数据战略的商业案例应当涉及当前因数据问题所带来的已有成本、不实施数据战略将会造成的潜在成本以及制定一项明确的战略所能带来的价值。

就像患者在治病时，如果"治标不治本"，就会导致疾病越来越严重一样，一个组织如果不能以战略眼光看待数据，就会浪费其时间与人才。我们必须找到能够描述这种因缺乏关于数据的战略眼光而导致长期后果的方式。大多数组织需要一种能将即时缓解痛点与长期性预防相结合的方式。

找到主要赞助方至关重要。从哪里寻找主要赞助方并没有固定套路，但最好是在业务部门而非 IT 部门。尽管资金很重要，但这并不是我们寻找的全部。我们需要的是真正有兴趣看到进展的人，他可以针对已完成的工作提出深层次的问题，并在不同场合与大家分享成就和收益。其他不一定提供资金的赞助者也可以成为战略合作伙伴。他们通常是来自业务部门的高级管理人员，而大多数数据问题都来自这些部门。他们会参与并支持能够缓解其痛点的数据治理或数据管理举措。一旦他们意识到数据对其业务的好处，那么在与数据相关的任何举措取得成功的过程中，他们就会成为从数据战略获益的最佳倡导者。

4.5 关键成功要素

在不同的组织中应用**数据战略 PAC 方法**时，我发现了成功的组织有一些共同的特点，包括：

- **获取对数据战略的支持**：如果高层管理者不同意投入资金和关键人员的时间来制定数据战略，那么数据战略的推进就会变得困难，至少不会以全面、横向和开放的方式推进。
- **计划是成功的前提**：一旦得到支持，就需要制订详细而周密的计划，以兑现承诺，并以务实、灵活的方式开展工作。在安排会议时间、发送合理邀请，以及确保受邀者充分了解会议目的、流程和时间投入方面，必须格外谨慎。参与者应当收到来自最高管理层的强有力的信号，鼓励他们积极参与。计划中必须包含如何发布成果、获取批准、在整个组织中传播数据战略等内容。
- **录制利益相关者的表态视频**：一段包含强调数据重要性以及组织应以何种方式对待数据的短视频将成为一项有力的、可重复使用的沟通资产。这是与新受众开启会议的一种务实可行的方式，能传达强烈的承诺信息，并鼓励在组织内形成更好的数据。这将对获取利益相关者的支持大有裨益。

- **举办启动会议**：有一个简单实用的方法可以让利益相关者参与数据战略制定工作，那就是举办启动会议。可以利用这个时间让管理人员找到并要求利益相关者参与相关工作。
- **普及数据管理概念**：这是促进利益相关者参与的另一个重要方面。从基本的数据管理概念开始普及，将提高利益相关者制定数据战略的能力，并缩短所需时间。
- **采用数据管理成熟度模型**：无论选择哪种模型，使用模型推荐的数据管理能力作为里程碑对标，都有助于按时间线优先排列部署相关能力。
- **让非出资的赞助方参与进来**：在确定数据一致性战略的过程中，识别出那些不出资但能提供支持的赞助方是非常有益的。有必要让他们亲自参与进来，成为数据战略的支持者。
- **参与部门交流**：如果组织内有沟通职能部门，则必须尽早让它们参与到数据战略举措之中，这将有助于在整个组织中传达数据战略。
- **树立数据战略年度周期意识**：我们必须像对待组织中的其他战略一样对待数据战略。我们必须每年重新审视和调整这些战略。利益相关者必须了解他们在这一过程中的角色和职责。
- **参与战略计划**：为了形成闭环管理，负责业务战略规划监督的人员需要参与进来，以确保将数据战略纳入持续的和年度计划中。

4.6 关键概念

数据战略协调者是识别并吸引利益相关者参与数据战略制定的人员，这个角色还承担着促进流程推进、传达数据战略并总结执行情况的作用。这个角色通常由数据治理负责人承担。

4.7 牢记事项

1. 当制定数据战略时，关键利益相关者必须提供输入和反馈。
2. 数据治理负责人或同等角色是协调和监督关键利益相关者参与数据战略制定的最佳人选。
3. 培训和数据管理成熟度评估会议是非常合适的场合，用来识别哪些人适合作为关键利益相关者参与数据战略的制定。

4.8 数据战略名家访谈

采访对象：哈坎·埃德文森（Håkan Edvinsson）[⊖]。

哈坎·埃德文森是数据管理顾问，擅长数据治理和决策建模。他是《数据外交》一书的作者。在该书中，他提出了业务创新及业务转型与非强制性数据治理的关系。他的核心观点是，可以通过使用外交策略、避免官僚主义以及尽可能精简数据治理组织等方式来实现这一过程。他还是一名公认的培训师和演说家。

鉴于您在数据治理和数据架构领域拥有丰富的咨询经验，您认为在您的客户组织中，明确定义了横向数据战略来指导数据相关工作并响应业务战略的情况多吗？

这种情况过去很少见，甚至根本不存在。而现如今，大型组织经常会表达它们的雄心壮志：要将数据作为重要的"自然资源"，并从中挖掘财富。它们为此投入了大量的资金和精力。我的一个汽车行业的客户表示，到 2030 年，50% 的收入将来自服务而非汽车。而其他客户也在制定类似的战略。不过，并非所有行业都有如此前卫的

[⊖] Håkan Edvinsson，https://www.linkedin.com/in/hakanedvinsson/

观念。

到目前为止，我所接触到的投资都是针对数据架构的，并没有关注数据治理。说白了，这就是以 IT 为中心。因此我不会称其为"制定了明确的横向数据战略"，因为这样的战略，或者说其实现方式，显得太过狭隘。

詹姆斯·H. 达文波特（James H. Davenport）教授将从事 IT 工作的人比喻为水管工（专注于存储、管道和配件）。如他所说："在水管工的会议上，没有人会谈论水干不干净。"

您认为数据战略在数据驱动转型的成败中扮演了什么样的角色？

我认为不要将数据战略与组织内的其他战略割裂开来是至关重要的。"数据"不是独立的，因为数据反映了企业正在发生或处理的事情。以数据为中心的成功转型需要对数据有深刻的洞察力，而这反过来又需要对具体的业务运营有深刻的理解力。我的秘诀是不仅要学习业务知识，还要让业务对其负责。这是一项业务战略，而不是 IT 战略。这适用于任何业务转型。

从根本上来讲，我们并不是需要一个数据战略；相反，应该有的是一个纳入数据考量的业务战略。

看看公共事业公司就知道了。它可能会购买电力并将其输入电网，然后分发给客户。其全部业务实际上就是有关能源的数据：我们购买了多少？我们的客户使用了多少？成千上万个电表的数据被收集、处理，然后形成业务交易的基础。在这样的环境下，任何步骤中都是无法将电力业务与电力有关的数据分开的。

现在以数据为中心的组织往往会忽略这一点，原因很简单，因为它们从来没有拥有过这种数据。

从您的角度来看，谁负责推动数据战略的创建和维护？哪些利益相关者需要参与这一过程？

让我们从什么是战略谈起：战略是从长期视角实现预期成果的明确手段。战略总是与董事会层面有关，因此也由董事会层面决定。我认为，那些积极参与数据质量和数据治理的人必须为数据战略献计献策，充实那些以业务和 IT 为导向的计划。因此，数据治理负责人、首席企业架构师和企业数据架构师等角色都应该对数据战略产生影响。

战略最重要的方面是实施。一项数据战略需要被转化为具体的项目指南、工作描述、绩效指标等。根据我的经验，看似万事俱备，实则毫无进展的情况屡见不鲜。因此我建议，一项战略不仅要有指标显示我们是否正在实现它，还要显示它是否是正确的战略。我们必须有指标来判断该战略是否真正落地。

我的一般原则是，让这些指标贴近其自然源头产生才能形成并保持活力，例如，在确定、规划、定义、执行和评估转型效果时，让其尽量贴合转型举措本身。这会涉及赞助方和项目组合经理等角色。

建立完整、横向的数据战略是成功实现数据管理计划的基础，新任数据治理负责人应该如何让高级管理层认识到这一点，并从中获得支持？对此您有什么建议？

做足功课：如果数据质量存在问题，问题有多糟糕？这对业务有哪些影响？如果采用改进数据架构这种常规方法于事无补，那么具体原因是什么？从业务数据监督的角度来看，目前为止转型还面临哪些问题？

在接触高级管理层之前，先了解他们的立场。他们对未来的转型有什么想法？对这一主题有多少了解？从他们当前所处的位置入手，利用好已有的信息。例如，他们所关注的问题、面临的挑战以及能激励他们的因素等。用他们的语言进行沟通。如果你必须通过培训的方式让他们理解你提出的建议，那你就走错了路。

第 5 章

数据战略PAC方法：
组件2——数据战略画布

> 有效的沟通有助于团队以正确的态度开展正确的项目。
>
> 亚历克斯·兰格（Alex Langer）

第一部分		
1 数据战略 你真的拥有吗？	2 数据管理成熟度模型 数据战略的关键	3 数据战略PAC方法 组件1——数据战略框架
4 数据战略 哪些人要参与进来？	当前位置 ↓ 5 数据战略PAC方法 组件2——数据战略画布	6 旅程 通往有效数据管理 计划之路

5.1 商业模式画布，核心灵感来源

在第 4 章中，我们讨论了开放式数据战略的重要性：数据战略应该是人们广泛参与、为之做出贡献，并得到充分理解的一种大众化产物。一旦我们确定了数据战略，下一个挑战就是如何有效地传达这些战略，尤其是向必须执行这些战略的人传达。当信息充斥着我们的生活时，人们往往倾向于减少阅读，至少在阅读一份文件上花费的时间更少了。我们总是在几分钟内从一个话题切换到另一个话题。因此，在一张幻灯片上分享强相关的集成信息就显得尤为重要。《商业模式画布》(*The Business Model Canvas*)（Alexander Osterwalder，2005）一书阐述了对信息集成的这种需求，它描述了如何在一张幻灯片上"描绘"企业的基本信息（图 17）。

自 2006 年以来，我一直在使用商业模式画布。起初，它是为了在企业中开启一项新职能或启动一个创业项目时，明确我必须采取的行动。这项技术可以帮助我清楚地了解目标客户是谁，能为他们提供什么价值主张，同时弄清楚实现这些目标所需的具体资源和活动。这样，我就可以向其他人直观地展示相关情况。

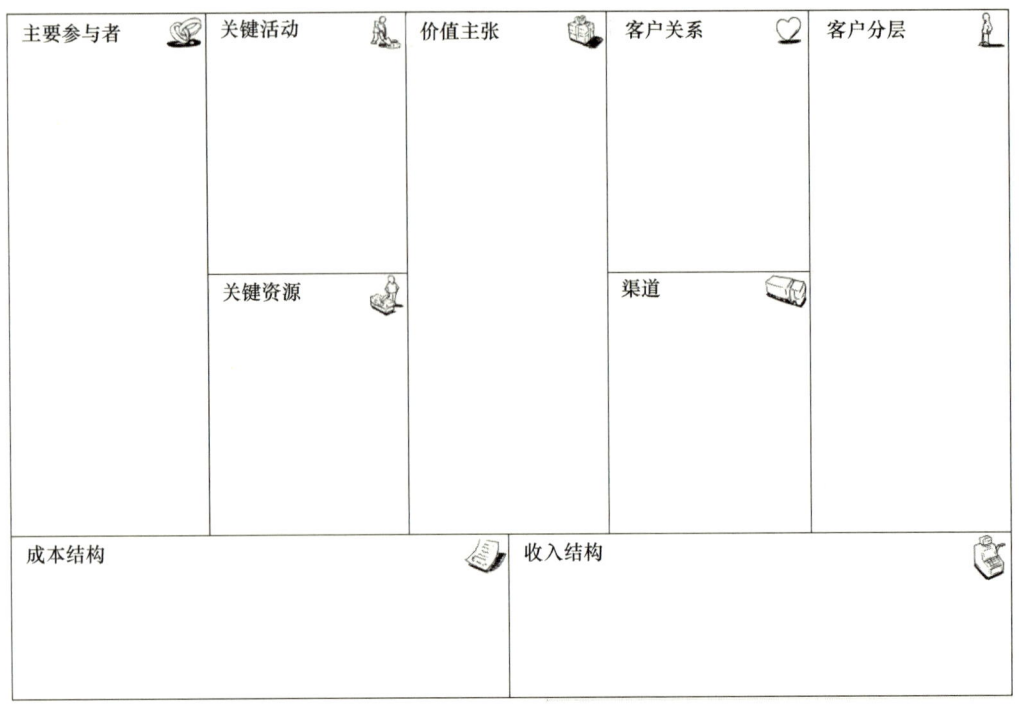

主要参与者	关键活动	价值主张	客户关系	客户分层
	关键资源		渠道	

成本结构	收入结构

The Business Model Canvas CC License A. Osterwalder, Strategyzer.com www.strategyzer.com

图 17　亚历山大·奥斯特瓦德的商业模式画布

自奥斯特瓦德首次使用商业模式画布以来，"画布"这一概念得到了长足发展。MBA 的课程中会包括商业案例模式画布。㊀项目管理专业人士也会使用"项目画布"。㊁在互联网上搜索，您会发现各种主题的画布。所有画布模型都有一个共同的理念：简化交流模式，提高达成共识的可能性。

一些团队之所以难以凝聚和协作，原因在于他们对自己的核心目标缺乏清晰的认知：为谁服务以及如何为客户服务。画布可以帮助确定参与所描述活动的人员，以及这些人员对活动的期望。通过明确这些要素，团队能更好地协同合作，实现共同目标。

本章将介绍并解释如何利用**数据战略画布**来描述第 3 章中介绍的不同层次的数据

㊀ https://www.mbamanagementmodels.com/business-case-canvas/
㊁ https://bit.ly/3dbW4Md

战略。目标是通过一张幻灯片描述各种战略。制作一张有效的画布需要大量的后台工作。这个过程需要整合多种输入信息，同时保持其清晰的含义。（我们将在第 7 章讨论实施方法。）

5.2 数据战略的输入

数据战略必须与业务战略保持一致。为确保一致性，首先要确定业务战略目标。这些目标并不总是清晰可见。在少数情况下，它们可能会在内部公布，但这也不是普遍的现象。更常见的情况是，我们需要主动询问这些目标，因为它们可能是保密信息（如第 4 章所述）。业务战略目标在数据整合战略画布中至关重要（见第 5.3 节）。当定义数据战略时（见第 3 章数据战略框架），我们必须参考这些目标。

虽然业务战略目标至关重要，但它们并非数据战略的唯一驱动因素。其他输入包括：

- 业务问题。
- 与数据相关的痛点。
- 动机。
- 需要改进的行为。

这些内容在任何地方都找不到书面材料，而必须通过与关键利益相关者的会议沟通来发掘（见第 4 章）。

5.2.1 业务问题

整个组织的领导层每天都会面临各种问题。这些都是与其具体职责范围相关的业务问题。在大多数情况下，这些问题可以通过当前的信息资产（如报告、仪表盘和交互式应用程序）来回答。但回答这些问题可能需要很长时间（例如，客户细分报告要在月底两周后才能提供)。在其他情况下,组织缺乏解答这些问题所需的数据。

此类问题的一些例子如下:

- 某个产品目前的盈利能力与两年前相比如何?
- 不安全指数最高地区的分支机构的盈利能力如何?
- 同一客户购买产品的平均数量是多少?
- 最赚钱的客户使用哪些渠道?
- 学生缺勤与考试成绩有关系吗?
- 上个月有多少不活跃客户被重新激活?
- 最赚钱的分支机构使用了哪些基础设施?
- 最常光顾的客户的邮政编码是多少?

列出业务部门领导者提出的问题并对其进行优先级排序,这是确定回答这些问题所需数据类型的第一步,有可能组织中还没有这些数据。在定义数据战略时,我们无须深入数据元素层面,而是从回答业务问题所需的数据大类(即领域,如客户、账户、订单、供应商、产品、分支机构等)开始。问题的优先级将影响数据管理和数据治理战略中数据域的优先级。

5.2.2　与数据相关的痛点

与数据相关的痛点是数据战略的另一个重要输入。从当前直接影响组织的问题入手。例如:

- 销售、财务和运营部门提交的报告不一致。
- 银行因向监管部门提交低质量数据而被增加罚款。
- 保险公司的客户接触能力低。
- 交叉销售能力有限。
- 由于产品识别方法不一致导致库存不准确。

组织内的每个部门都有痛点。在解决这些痛点时要有选择性。影响最大的痛点应该是优先级最高的。了解影响并确定行动项目的优先次序，需要可以确定业务重要性的重要利益相关者共同参与。

虽然应从当前痛点入手，但该流程还应同时识别风险——有些问题当前并不明显，但如果不通过数据战略加以解决，就会变成严重的问题，造成巨大的影响。例如：

- 新的或即将出台的合规要求。
- 尚未涉及的法规。
- 未考虑其他市场法规的全球化举措。
- 缺乏以客户为中心的理念。
- 产品目录的分布式管理。

5.2.3 动机

在确定数据管理战略时，还需要考虑两个额外输入。第一个是动机。认识到并阐明是什么驱动企业投资于数据管理是非常重要的。无论组织旨在成为数据驱动型企业，还是希望通过洞察客户行为来恢复市场地位，这些动机都将帮助确定数据管理战略需优先解决哪些方面的问题。

5.2.4 需要改进的与数据相关行为

数据战略所需的最后一项输入是了解组织内部人员在数据方面的行为方式。这些行为描述了人们如何与数据互动，如何使用数据，以及如何理解自己对所接触数据的责任。数据战略需要解决行为问题，从而形成以数据为导向的文化。此类输入的例子包括：

- 报表设计者没有说明他们在报表中使用的数据源。
- 未正确登记数据需求（即业务需求在功能层面定义，未涉及数据）。
- 项目经理在编制项目预算时，没有考虑生成元数据或管理数据质量。
- 解决方案的设计人员在项目层面定义/更新数据模型时，没有参考企业数据模型（如果存在）。
- 开发人员重复利用数据结构中的现有字段，而没有把这个变化情况记录下来。

正如上述示例所示，这些行为可能是导致数据质量问题的直接原因。

5.3 数据一致性战略画布

图 18 展示了用于定义首个数据战略——**数据一致性战略**的画布。这是一个关键战略。通过它，我们将确保其他数据战略与业务需求和战略目标保持一致。

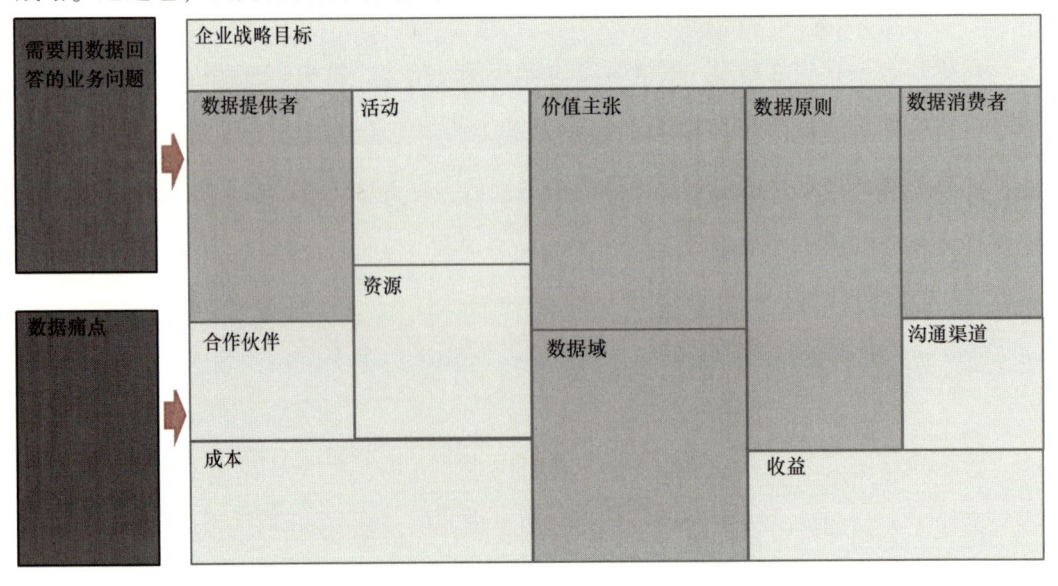

需要用数据回答的业务问题	企业战略目标				
	数据提供者	活动	价值主张	数据原则	数据消费者
		资源			
数据痛点	合作伙伴		数据域		沟通渠道
	成本			收益	

Copyright © 2023 Maria Guadalupe López Flores., Servicios de Estrategia y Gestión de Datos Aplicada, S.C., segda.com.mx

图 18　数据一致性战略画布

画布左边列出了用于定义战略的输入。我们需持续关注这些输入，以确保我们牢记战略应该应对的问题。数据一致性战略的输入包括企业战略目标优先级、业务问题和与数据相关的痛点。

数据域：第一张画布的主要目标是确定响应业务问题和支持企业战略目标所必需的高级别逻辑分组数据（即数据域，如客户、产品、供应商和账户），以及与数据痛点相关的数据。所有已识别的数据域都要罗列出来，即使组织目前还没有特定域的数据。

数据提供者：我们在此列出与已确定的数据域相关的实体，它们可理解为组织单位或外部来源。我们要确定产生数据的高级业务流程。请记住，这是最高级别的数据战略，因此我们不讨论数据源；数据源将在其他数据战略中涉及。

数据消费者：同样，我们需要确定那些消费与所例出领域相关数据的组织（内部或外部）或个人。

数据原则：哈坎·埃德文森介绍了采用"原则"而非"规则"作为数据治理基础的好处。原则依赖信任并建立信用，因为它们有着共同的目标。（Edvinsson H., 2020）埃德文森建议的原则包括：

- 信任他人。
- 始终提供正确的数据。
- 从源头获取数据。
- 机会就是力量。

作为首要的数据战略，必须包括指导数据行为的原则。每个人都应遵循这些原则。例如：

- 尊重每项数据的正式来源。
- 承诺确保他人数据的保密性、安全性和完整性，并遵循我们对自身数据所期望的标准。
- 数据处理实践必须尊重个人，努力实现利益最大化及可能的损害最小化。

价值主张：作为最高级别的数据战略，画布将讲述在数据领域中要做什么，因此明确数据战略的价值主张至关重要。通常来说，价值主张可以通过强调在整个组织中更好地处理数据带来的价值，为实施数据战略起到良好的支撑作用。

活动：数据战略设定了对数据管理、资源需求和优先级的预期。明确在何时、何地、使用何种资源以及按何种顺序进行数据管理。确保对这些活动有清晰的认识，对数据级管理计划的成功至关重要。本节列出一些高层次的活动，包括在数据战略框架中制定其他战略。

资源：数据战略必须将实施与具体活动联系起来。首先要确定实现价值主张所需的人力和物质资源。数据管理需要人力。如果没有将资源需求作为战略的一部分明确地表达出来，后期获取资源将变得困难。

合作伙伴：与利益相关者的开放与合作有助于制定更好的数据战略。数据治理团队在推动流程的同时，必须与有同样追求的其他组织部门建立合作关系。本节列出了这些合作伙伴，并指出他们对数据管理的成功做出了重要贡献。

沟通渠道：画布概念在传播理念方面很有说服力。但要使用它，仍需要在组织内部确定适当的沟通渠道，以传达战略和相关信息：原则、标准、制度、路线图、成功案例、仪表盘、衡量指标等。明显的渠道包括内部电子邮件、内部网、杂志、社交媒体、常设论坛等。

成本：画布中的成本部分有助于决策是否实施期望的数据管理实践。如果没有这方面的信息，也不必强求用精确的经济术语来表示成本。目标是确定战略落实到可操作阶段后的各项成本。

收益：与成本相对应的是收益。收益部分应包括定性收益和定量收益。与成本部分一样，如果没有准确的数字，也无须强制包括，但确定收益的类别很重要。

5.4　数据管理战略画布

一旦制定了数据一致性战略，就需要对行动和资源进行优先级排序，来绘制数据管理战略画布。此时还需要两个额外的输入：建立数据管理计划的动机和需要调整的数据相关行为（图19）。作为数据一致性战略输入的数据相关痛点对数据管理战略同样至关重要，因此它们再次出现在画布的左侧。

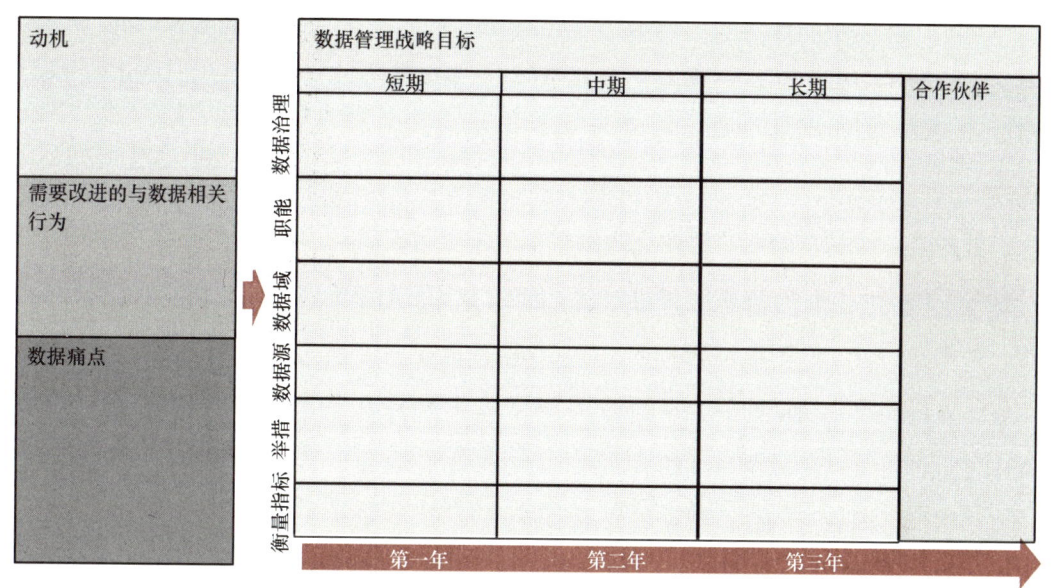

	数据管理战略目标			
动机	短期	中期	长期	合作伙伴
	数据治理			
需要改进的与数据相关行为	职能			
	数据域			
	数据源			
数据痛点	举措			
	衡量指标			
	第一年	第二年	第三年	

Copyright © 2023 Maria Guadalupe López Flores., Servicios de Estrategia y Gestión de Datos Aplicada,S.C., segda.com.mx

图19　数据管理战略画布

经过利益相关者定义和优先级排序后的数据管理战略目标位于画布的最上方。

列（短期、中期和长期）：画布包括短期、中期和长期三列，来帮助分配资源。通常情况下，这些列的标题可以用年份来表示，但这并不是硬性规定。考虑目标随着时间推移而发展的逻辑顺序是"以集成的工作方式智能地分配资源，以实现与数据相关的目标，并为实现业务战略目标做出贡献"。

合作伙伴：此部分列出了对数据管理计划成功至关重要的组织单位和角色。这可能包括数据一致性战略画布中列出的全部或部分合作伙伴，包括企业沟通、项目管理办公室（PMO）、合规部门、企业架构等。

数据治理：所有数据战略需要相互关联。本画布与数据治理战略画布的联系是标有"数据治理"的一行。在这里，我们列出了短期、中期和长期需要建立的数据治理能力。这些能力基于组织的数据治理成熟度模型，还可能包括组织的一些特定要求。数据治理在监督其他数据管理规范方面起着至关重要的作用，因此将它列在要优先处理的元素的第一行。

职能：本节涉及 DAMA 的数据管理知识领域，包括数据治理、数据架构、数据建模与设计、数据存储与操作、数据安全、数据集成与互操作性、数据文档和内容管理、主数据和参考数据、数据仓库、元数据以及数据质量（图 10）（DAMA 国际，2017）。本画布将它们称为职能，以传递行动的意识及其最终成为"业务常态"的目标。

数据域：我们在数据一致性战略画布中确定了数据域。本节按短期、中期和长期对这些领域应用数据管理职能和数据治理能力进行优先级排序。

数据源：指出在部署数据治理能力或数据管理职能时应处理哪些数据源，是确定工作优先级和设定期望的一个重要部分。例如，"数据域"一行不仅可以显示客户是重中之重，还可以显示要治理的客户数据是来自数据仓库、客户关系管理系统还是客户主数据库，因为这些是该数据的权威来源。

举措：让数据管理顺利开展的最佳方式是把数据管理和已被视为高度优先事项的现行战略举措挂钩。这些举措一般都有被批准的预算，并得到关键利益相关者的关注。在此列出这些举措，可将数据管理战略与业务战略联系起来。获得批准的数据管理战略有助于激励这些举措的相关人员参与进来，并推动数据管理在短期、中期和长期的实践。

衡量指标：没有行动的战略没有任何价值。要理解战略，就必须衡量行动。战略必须包括明确的关键绩效指标（KPI），来衡量其实施情况。最后一行说明了如何衡量数据治理能力和数据管理职能的部署。随着数据管理职能的发展，这一行可以体现相关衡量指标的演变。

5.5　数据治理战略画布

现在是详细介绍数据治理的时候了。我们可以将其视为对数据管理战略画布（图 19）中"数据治理"一行的深入研究。该画布描述了支持数据治理的组织结构、需要治理的要素以及在组织中的位置（图 20）。

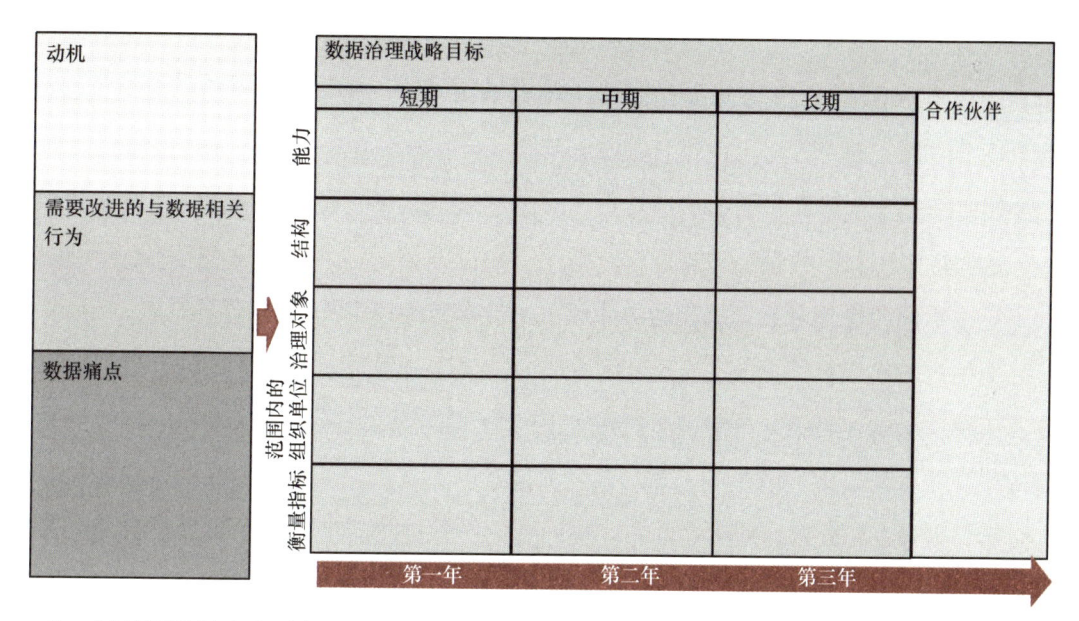

Copyright © 2023 Maria Guadalupe López Flores., Servicios de Estrategia y Gestión de Datos Aplicada, S.C., segda.com.mx

图 20　数据治理战略画布

我们可以将数据管理战略画布中使用的输入内容转移到这里，以便在记录该画布内容的同时保留这些输入内容。与数据管理战略的情况一样，数据治理战略目标必须首先由该战略的利益相关者确定。

能力：该行是与数据管理战略的直接联系。两张画布的第一行显示了相同的能力。

结构：是指数据治理职能的组织。在此，我们必须明确实施该计划所需的角色和人数。起初，我们可能会在短期内为选定的部门找到一名数据治理负责人、两名数据治理助理以及几名数据管理员。随着数据治理扩展到其他领域，数据管理员和其他员工的数量可能会增加。结构部分还应说明治理机构的相关事项。在短期内，我们不会建立特定的数据治理机构。相反，我们会利用常设治理机构来推动数据治理计划。例如，数据治理负责人可以要求在管理层的议程中安排时间讨论数据问题，报告数据治理举措的进展，或要求高级管理层发表其他意见。

治理对象：这一部分对于设定数据治理团队的工作预期至关重要。对许多人来说，数据治理仍然是一个非常抽象的概念。一般的理解是数据治理定义了数据制度，然后监督遵守情况。试图在整个组织内一次性部署数据治理实践通常会以失败告终，而且还会增加人们对数据治理理念的抵触情绪。应该有计划、有意识地进行推广。首先要确定短期、中期和长期的治理对象。对象可以是业务流程、数据存储库、监管报告、数据集成流程、数据迁移流程、数据源、数据域等。"短期""中期"和"长期"列将记录不同的管理对象。这种做法体现了增量部署的理念。

范围内的组织单位：继续践行数据治理增量部署的理念，这一行显示了数据治理服务组织单位的优先级。与治理单位相关的行动可能包括确定数据管理员、培训、执行政策、在术语表中记录业务术语、确定关键数据元素、记录业务元数据等。

合作伙伴：如数据管理战略画布所述，我们必须列出有助于采用和部署数据治理实践的组织单位或角色。数据治理的典型合作伙伴包括政策制定部门、合规部门和内部审计部门，因为它们有助于在现有治理机构和流程中促进数据治理制度的管理和实施。

衡量指标：这一行显示衡量指标随时间变化的成熟度演变。在短期内，大多数关键绩效指标都与基于组织数据管理成熟度模型的数据治理流程的实现和部署情况有关。

5.6　特定数据管理职能战略画布

一旦根据"三脚凳理论"（见第 3.4 节）选择了三种数据管理职能，我们必须为每一种职能战略做好记录（图 21）。此处的输入与数据一致性战略确定的输入（动机、需要改进的数据相关行为和数据痛点）相同。但是，我们应突出那些影响特定数据管理职能的因素。

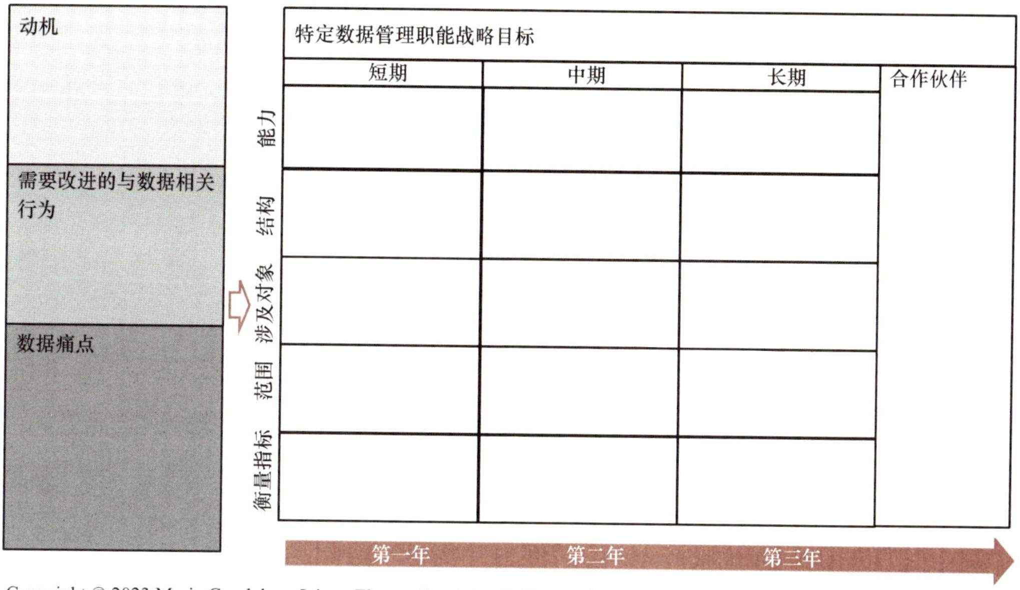

动机	特定数据管理职能战略目标			
		短期	中期	长期	合作伙伴
	能力				
需要改进的与数据相关行为	结构				
	涉及对象				
数据痛点	范围				
	衡量指标				

第一年　第二年　第三年

Copyright © 2023 Maria Guadalupe López Flores., Servicios de Estrategia y Gestión de Datos Aplicada,S.C., segda.com.mx

图 21　特定数据管理职能战略画布

能力：将组织选择的数据管理成熟度模型中的相关能力体现在画布上，作为实施路线图的基础。我们可以用组织的某些特定能力对其进行补充。例如，如果成熟度模型没有包括某项能力（如 DCAM 不包括数据集成），则必须根据开展这些职能所需的流程和驱动因素来确定相关能力。

结构：每个数据管理职能都需要不同角色的参与，其中一些角色在其他职能中很常见，如数据管理员，在此无须重复，因为此类角色应包含在数据治理战略画布中。在这一行中，只包括该数据管理职能所特有的角色和治理机构。

涉及对象：如同数据治理战略画布中的做法，确定该数据管理职能涉及的对象。例如，如果针对数据架构职能，对象是客户数据域，这意味着客户是相关的"对象"，需要将其作为企业数据模型（EDM）的一部分记录。

范围：定义范围对于设定期望至关重要。这一行展示的是数据管理职能的短期、中期和长期范围。例如，对于数据质量，如果所涉及的对象侧重于客户数据域，我们就可以将短期范围限制为客户的相关数据元素。

合作伙伴：如前文所述，本节列举了被确定为执行特定数据管理职能战略的核心合作伙伴的角色或组织单位。

衡量指标：衡量指标描述了数据管理职能的特定关键绩效指标。如果采用数据管理成熟度模型，则短期、中期和长期的预期评分应包含在相应的列中。

5.7 数据治理商业模式画布

从治理团队开始，组织中的人员就要对数据治理的意义达成共识，这是至关重要的。最佳沟通方式是商业模式画布。将每个数据管理职能视为组织中的一项独立业务。团队成员必须了解其（内部）客户、关键活动及其价值主张。

请注意，图 22 中的数据治理商业模式画布采用了与数据管理和数据治理战略画布相同的输入。

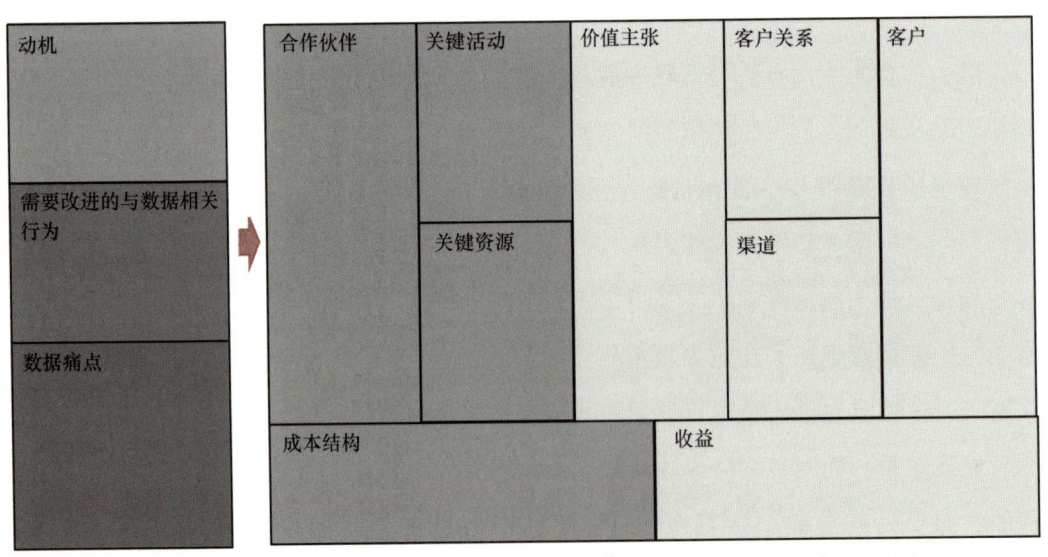

The Business Model Canvas CC License A. Osterwalder, Strategyzer.com www.strategyzer.com

图 22　数据治理商业模式画布

客户：数据治理团队必须清楚地了解他们的客户，包括组织业务部门、IT 开发部门、数据库管理员、CDO 等。不要假设客户是谁。明确识别客户有助于专注于工作并确定工作方向。

价值主张：确定客户后，应考虑每类客户的价值主张。价值主张必须在客户心中产生共鸣，以促使他们寻求数据治理团队的支持和参与。可以用数据治理服务（即数据治理向客户销售/提供什么）清单来补充本节内容，正是通过这些服务实现了客户的价值主张。建立这种联系有助于将数据治理这一抽象概念具体化。

渠道：本节列出了与客户沟通的方式，以便客户了解数据治理商业模式和结构、服务和申请方式、政策、标准、成功案例、仪表盘等。这些沟通渠道的例子包括内部网门户、电子邮件、内刊杂志、业务通讯等。

客户关系：在许多企业中，吸引新客户很容易，难的是维持与现有客户的关系并建立忠诚度。成功实施数据治理的结果之一是人们会感受到数据治理团队的价值。拥有良好体验和切实利益的客户会大力推荐该团队的工作。在画布的客户关系部分，找到保持客户兴趣的方法。例如，通知数据源的更新、为识别和记录业务术语提供支持、培训等。

收益：用业务术语向组织表明数据治理的好处是至关重要的。在可能的情况下可以添加量化元素是很好的，但不是必需的。随着业务成熟，可在本画布的更新版本中加入量化收益的数字。

合作伙伴：部署和执行数据治理需要组织内不同领域的支持和协作。一个明显的例子就是项目管理办公室（PMO）。由于所有项目都要经过该办公室，因此它可以授权开展改进数据管理的活动，例如记录元数据，以及通过控制项目预算来强制执行相关要求。另一个重要的合作伙伴是 IT 解决方案设计团队或架构团队。可以对解决方案架构师进行培训，使其识别数据标准的缺失，并指导项目负责人遵守相关标准。

关键活动：经常听到数据治理团队抱怨，他们开展了多种多样的数据活动，却没有专门的数据治理活动。这主要是因为人们对数据治理缺乏了解。而这也正是此画布的目的所在。因此，画布的作用就是列举数据治理团队应该重点关注的核心活动的正确位置。通过这些活动，可以防止组织将所有数据活动都交给数据治理团队。这方面的例子包括拟定政策和管理数据源清单、业务术语表和数据质量流程（通常，当不具备为数据质量设立单独团队的条件时，数据治理团队必须首先承担起该职责）。关键活动没有对错之分。此画布旨在传达我们期望团队开展的工作。

关键资源：一旦列出了关键活动，接下来要确定执行这些活动所需的资源。在此我们不仅需要记录人力资源，还需要记录包括基础设施、许可证、平台、设备等形式的物质资源。

成本结构：本节有助于提高对数据治理成本的认识。我们从关键资源中获取成本结构信息。区分一次性成本和经常性成本至关重要。如果没有量化的信息，该清单可包括需要核算的主题。

5.8　关键概念

数据战略画布是以整合的方式传达不同层次数据战略的一种手段，这样每种数据战略的相关信息都可以描述在一张幻灯片上。

5.9　牢记事项

1. 画布的强大之处在于它能够在一张幻灯片上展现多个相关的想法，让不同的受众都能清楚地理解。
2. 每张数据战略画布都有其特定的目的，并与其他类型的数据战略画布相关联。它们共同描述了一个完整故事：数据管理是如何在组织中创造价值的。
3. 数据战略画布有助于在整个组织内设定数据管理如何为组织带来价值的预期。

5.10　数据战略名家访谈

访谈对象：汤姆·雷德曼（Tom Redman）[⊖]。

[⊖] Tom Redman，https://www.linkedin.com/in/tomredman/

汤姆·雷德曼，人称"数据医生"，是国际公认的数据质量专家，著有多部相关书籍。他是《领导者数据宣言》（*Leaders Data Manifesto*）的合著者。他帮助了很多公司领导者了解数据领域中最重要的问题和机遇，制定发展方向，并建立组织所需的执行能力。从初创企业到大型跨国公司，从高级管理人员和首席数据官到正在努力起步的中层人员，都曾在他的帮助下建立起数据驱动的未来。所以，他本人是数据领域具备远见卓识与深厚专业知识（分析能力和数据质量方面）的结合体。

鉴于您在数据治理和数据架构领域拥有丰富的咨询经验，您认为在您的客户组织中，明确定义了横向数据战略来指导数据相关工作并响应业务战略的情况多吗？

到目前为止，我还没有找到一个符合您所提出标准的数据战略。让我提供一些背景资料。在我看来，"战略"要回答的基本问题是："我们在市场中如何竞争？"在回答这个问题时，"数据战略"和"业务战略"必须密不可分。

其次，我认为企业在做好基础工作之前，不应该过多地考虑战略问题。一个好的战略必须是可实现的，而在具备基本条件之前，公司根本无法推测自己能实现什么目标。我见过太多过于理想化的计划，却无法通过"可行性测试"。

最后，我知道很多数据专业人员都在努力使自己的工作与业务战略保持一致。这很好，但还不够。业务人员还应该问问自己，如何才能从数据中创造竞争优势。

您认为数据战略在数据驱动转型的成败中扮演了什么样的角色？

我无法想象，如果没有一个可靠的数据战略，您能实现什么转型。

但要说明的是，我对许多标榜为"转型"的举措持怀疑态度。转型是艰难的——它需要一系列才能、一种紧迫感、一个极具吸引力的愿景以及勇气。我看到很少有公司能集齐这么多要素。空谈太多，实干太少。

从您的角度来看，谁负责推动数据战略的创建和维护？哪些利益相关者需要参与这一过程？

数据战略的创建和维护应由获益最多的利益相关者来推动。虽然数据专业人员可以从中获益良多，但通常远不及业务人员。我认识的一位首席数据官（CDO）正在领导这样的任务，但他们目前也只是在落实基础工作——也许公司将在下一年为战略做好准备。

因此，一般来说，业务应该是驱动力。数据专业人员可以在幕后工作，甚至可以合作，但大多数情况下，必须有业务领导力。

还有两点值得注意：第一点是，你没有问到执行，但这是关键。大部分资源都在企业内部——这进一步凸显了企业领导力的必要性。第二点是，我已经指出，很少有公司为企业范围的数据战略做好了准备。然而，我鼓励各个部门，甚至是团队层面，制定并实施非常积极的数据战略。公司要在实践中学习。

建立完整、横向的数据战略是成功实现数据管理计划的基础，新任数据治理领导者应该如何让高级管理层认识到这一点，并从中获得支持？对此您有什么建议？

在这里，我想谨慎一点。我发现太多的数据专家希望高层领导"理解数据"，以便他们能够真正提供帮助。但这只是痴人说梦。作为一个在数据领域深耕多年的人，我觉得自己才刚刚开始了解数据。一名高层领导怎么可能只花几分钟就真正了解数据呢？

相反，数据专业人员应该更多地思考他们真正需要高层领导提供哪些帮助。我曾见过数据专家试图让高层领导签署晦涩难懂的业务规则。高层领导对这些规则一无所知，无法提供实质性的帮助，很快便会拒绝。更进一步说，这也不是数据项目所需要的。

我发现几乎所有的高层领导都想提供帮助，但大多数人只是把提供帮助当成自己的工作。最好向他们表明你真正需要的东西。例如，我的一位客户需要在业务部门建立一个嵌入式数据管理器网络。因此，她明确阐述了自己的需求和原因，并提出了具体要求。结果是她的要求得到了满足。另一位客户要求一位高层领导在全体会议上留出 15 分钟的时间讨论数据，并发自内心地讲述他如何看待数据与部门使命的契合度。这位领导的表现超出了他的想象。

总之，数据专业人员不应要求高层领导亲自解决问题。反之，他们应针对自己需要的内容，请求高层领导在组织能力方面提供支持。他们的请求应尽可能具体明确。

第 6 章

旅程：通往有效数据管理计划之路

> 过程与目标同样重要。
>
> 卡帕娜·乔拉（Kalpana Chawla）

第一部分

1 数据战略 你真的拥有吗?	2 数据管理成熟度模型 数据战略的关键	3 数据战略PAC方法 组件1——数据战略框架
4 数据战略 哪些人要参与进来?	5 数据战略PAC方法 组件2——数据战略画布	6 旅程 通往有效数据管理 计划之路 ← 当前位置

每当讲完数据管理基础课程，都会有学生问一些老生常谈的问题："我们应该从哪里入手？""数据管理的所有职能应该同时开展吗？""数据管理计划的成功要素是什么？"我通常的回答是向他们展示图23中的地图，其中包含了制订有效数据管理计划所必经的四个区域。具体包括：

1. 在组织里进行数据管理基础知识教育，并制订长期培训计划。
2. 评估数据管理成熟度。

图 23　制订有效数据管理计划的途径

3. 制定数据战略，以确定数据工作的优先次序。
4. 设计运营模式，从数据治理和数据质量开始。

本章描述了通过这四个主题来展现的数据管理计划旅程（再次参见图23）。

想象一下使用地图应用查找如何到达目的地的场景。该应用会展示前往同一地点的多种不同路径：有些路径可能包括收费公路；其他可能不收费，但耗时较长。图23中的地图显示了到达我们的目的地，即制订数据管理计划必须经过的四个区域：

- **教育**：第一个区域是教育，因为我们首先要在整个组织内宣传基本的数据概念。这将有助于建立共同的数据语言，并理解数据管理的概念、角色、技术和衡量指标。可以采用不同方式来通过这一区域，如网络研讨会、正式培训、短视频等。
- **评估**：数据管理成熟度评估是第二个区域。通过评估，可以了解组织在这一领域的水平。根据预算情况，有几种方法可供选择。我比较熟悉的成熟度模型是 DCAM，这是一种基于能力的稳健方法。
- **数据战略**：一旦知道了组织的现状以及与理想状态的差距，就可以进入第三个区域，即数据战略阶段，本阶段定义了第 3 章中讨论的战略。
- **运营模式**：离开数据战略区域，就进入了运营模式区域，在这里将详细说明如何开展数据管理战略中优先考虑的数据管理职能。在该区域，我们可以为数据管理制订运营计划或一组活动。

6.1 教育

过去几年，数据素养已成为最重要的流行语之一。数据素养是建设数据文化的基础。

数据素养是阅读、分析、使用和交流数据的能力（数据素养项目，2021）。现在，数据素养对企业至关重要，已被誉为商业的第二语言。数据的日益普及使得所有员工都必须学会"用数据说话"。（Gartner Group，2018）

劳拉·塞巴斯蒂安-科尔曼（Laura Sebastian-Coleman）将培养数据素养描述为"人员挑战"的一部分，而"人员挑战"是数据质量管理的五大挑战之一。她将数据素养与其他素养进行了比较：

> 任何一种素养都可以理解为知识、技能和经验的结合。识字始于一个人学习字母表，并认识到单词是如何以书面形式表示的。通过对书面的语言结构——语句、段落和篇章——的明确了解，识字能力得以发展。更重要的是，随着阅读量的增加，读者开始理解文章中的细微差别。阅读文学作品的经验会磨炼读者的能力，使他们能够看到文章之间的联系，理解文章的结构，并认识到作者在揭示信息时所做的选择是如何丰富故事体验的。阅读纪实类、科学类、历史类甚至技术类信息的经验也有类似的效果，因为所有这些都需要人抽象出信息，并从不同的角度去理解它。阅读数据也需要类似的知识和技能。知识是在使用数据的过程中获得的，而技能则是通过解读数据的经验磨炼的。（Sebastian-Coleman，2022）。

因此，在整个组织内培养数据素养是一个持续的过程，必须考虑从数据知识到数据工作经验等多个方面。劳拉·塞巴斯蒂安-科尔曼将数据素养的所有组成部分归纳为三个主要组成部分：知识、技能和经验。

数据管理的基础知识教育，就像教授字母表一样，可以让人们掌握相关技能，从而为各种数据管理能力积累经验。它就像构建数据文化和培养数据素养的基石。

为了治理和管理数据，必须有一个数据教育培养计划。该计划应根据组织中员工的职责和接触数据的情况，识别他们的教育和培训需求。并非每个人都需要接受同样水平的培训，但每个人都需要了解字母表——数据管理的基本核心概念。让我吃惊的是，即使很多学生已经接触数据有一段时间了，每次开课我都会发现很多人对数据管理仍存在很多误解。甚至少数专业人员同样需要通过培训来确保他们具备相应的知识和经验。

要通过第一区域，首先要定义不同媒介的组合，让组织内最广泛的受众了解数据管理的基本概念。这些可以包括在不同时段进行的高管谈话，录制视频并在内网上发布。还可以将数据教育纳入企业培训计划，使其成为必修课。然后，作为与内部沟通团队协调的衔接计划的一部分，播放这些视频作为补充。

数据管理基础培训的下一个层次包括教授数据管理知识。例如，每个数据管理职能是什么，以及它如何与其他职能和业务目标相关联。即使是已经在特定职能（如数据集成或数据运营）部门工作多年的人员，也必须了解如何与其他领域交互才能有效管理数据。学习数据管理的基础知识通常会促使人们学习更多知识，以发展技能和积累经验，从而更深入地参与特定职能的工作。

当业务受众和 IT 受众混合在一起时，教育或培训活动会非常有益，因为他们可以从其他人的角度学习。另一个好处是，培训课程有助于确定参与数据管理成熟度评估和数据战略定义所需的关键利益相关者。

6.2 评估

第 2 章讨论了在定义数据管理战略时使用基于能力的数据管理成熟度模型的好处，还回顾了最受认可的几个模型。现在，我们再次回到这个话题，作为我们旅程中的第二个区域，我们需要了解组织在数据管理职能方面当前所处的位置。

我经常听到组织领导说，他们刚刚启动数据管理计划，所以认为（目前阶段）不需要评估。他们认为自己的组织处于成熟度第一个级别。然而，了解来自组织不同部门的利益相关者如何看待组织，并将这种看法与参考模型进行比较，有助于确定作为数据战略输入的动机。识别出的差距有助于在战略定义的每个阶段中确定优先次序。

无论采用哪种成熟度模型，成功的关键在于让整个组织的核心利益相关者参与评估。合作是关键。成熟度评估是确定数据战略定义参与者的另一个绝佳机会。

6.3 数据战略

在完成数据管理成熟度评估后，进入数据战略区域。在第 3 章中，我们讨论了数据战略框架，并确定了所需的数据战略类型。首先要定义的基本数据战略是数据一致性战略、数据管理战略和数据治理战略。我们制定数据管理职能战略的顺序和速度取决于它们在数据管理战略中的优先级。

在第 4 章中，我们强调了让利益相关者参与定义数据战略的重要性。组织单位领导会在培训和评估会议期间确定这些人选。

在第 7 章中，将描述数据旅程中第三个区域发生的事情，所以在这里不再深入讨论。值得一提的是，一旦通过数据管理和数据治理战略（第 3 章）确定了目标优先级，就可以直接绘制出年度的路线图，用于管理预期。这三者共同为运营模型提供了关键的输入。

6.4 运营模式

这是迈向全面数据管理计划旅程终点的最后一个区域。如数据管理战略中所确定的，我们要为优先开展的数据管理职能设计运营模式。数据治理始终是重中之重。这一模式的设计也要考虑多种因素。例如：

- 大卫·普洛特金（David Plotkin）对数据管理有全面的研究，他将数据管理定义为"整体数据治理计划的操作层面——治理企业数据的实际日常工作在此阶段完成"（Plotkin，2021）。
- 罗伯特·塞纳（Robert Seiner）提倡非侵入式数据治理，"在这种情况下，侵入性较低但更有效的数据治理会非常有帮助。可以利用组织中已有的其他治理结构来加强您的数据治理模式"（Seiner，2014）。
- 哈坎·埃德文森的外交式和非强制性方法可以作为这种方法的补充："外交式方法致力于减少传统数据治理中的形式主义和消除强制性部分"（Edvinsson H.，2020）。

很多参考资料可用来确定运营模式的组成部分（如监管要求、常设委员会、工作组、管理制度）以及它们的协作方式（如协作原则、决策、正式程度）。请记住，目标是为组织设计最佳的数据治理运营模式。考虑组织文化（如何接受新想法和新流程、如何做出决策、如何管理变革等）至关重要。此外，还必须考虑运营模式的可用资源。概念设计必须满足当前和未来的需求，并应适用于整个组织的增量部署。

一旦确定了数据治理运营模式和优先级较高的数据管理职能（数据质量、数据架构、数据安全等），就该设计运营计划了。详细的计划源于高层次的路线图。数据管理计划是我们这次旅程的目的地，它是一项为期多年的计划。它需要每年制订一个详细的运营计划。运营计划确定后，我们将进入执行和控制周期，来实施运营模式和执行计划。

在许多组织中，团队在没有明确方向的情况下就启动数据治理。然后，他们自认为要治理组织中的所有数据。换句话说，他们以为找到了一条捷径，试图跳过前面描述的区域，直接跳到流程的终点。但在大部分情况下，这样做的结果是数据治理团队迷失了方向。一旦迷失方向，他们就不知道该走哪条路了。

6.5 关键概念

数据管理之旅描述了组织建立数据管理计划的路径：首先要对组织进行教育，培养数据方面的共同语言；之后是评估数据管理成熟度，确定数据战略，以及选择数据治理运营模式和实施运营计划。

6.6 牢记事项

1. 必须制订数据教育计划，为组织中接触数据的每个角色提供所需的相应水平的培训。
2. 可以利用数据管理素养培训和数据管理成熟度评估会议，确定数据战略的关键利益相关者。
3. 可以从数据管理和数据治理战略中衍生出年度路线图，并成为数据管理运营计划的输入。

6.7 数据战略名家访谈

访谈对象：大卫·普洛特金（David Plotkin）[一]。

大卫·普洛特金是一名数据治理和数据质量专家，在数据架构、数据集市、逻辑和物理数据建模、数据库设计、业务需求和业务规则、元数据管理、数据质量、数据剖析、数据完整性和数据管理方面具有专业知识，在金融服务（大型银行和财富管理公司）、能源/工程、医疗保健、人力资源、保险、教育（K-12）和零售等领域拥有丰富经验，是DAMA、数据治理和大学会议的演讲嘉宾。他擅长与IT团队合作实施流程复杂的大型系统，是《数据管理》一书的作者，也是为期两天的数据管理实战课程的主讲人。

鉴于您在数据治理和数据架构领域拥有丰富的咨询经验，您认为在您的客户组织中，明确定义了横向数据战略来指导数据相关工作并响应业务战略的情况多吗？

高级管理层通常似乎不愿意实施定义明确的数据战略来指导数据相关工作和响应

[一] David Plotkin, https://www.linkedin.com/in/davidnplotkin/。

业务战略。在迫切需要特定数据相关"解决方案"（如主数据管理、参考数据、数据治理或提高数据质量）的情况下，首先制定数据战略往往被视为浪费时间。当然，这肯定不是浪费时间，因为数据战略提供了指导和基础架构，可以在此基础上做出战术决策。另一个影响将数据战略作为第一步的因素是需要花费数月时间才能制定出强有力的战略，与此同时，其他紧急工作也会被搁置。

要克服这种阻力，关键是要让高级管理层相信，如果最初的数据战略只是一个可以指导其他工作的框架，并随着其他工作的完成和知识经验的积累而不断完善，那么就可以快速构建数据战略。如果认为数据战略是固定的、一成不变的，那就大错特错了，相反，数据战略应该是灵活的，可以随着对业务战略的理解而转变。

您认为数据战略在数据驱动转型的成败中扮演了什么样的角色？

数据战略是数据驱动转型举措的重要组成部分，直接关系到数据驱动转型的成败。数据驱动转型会影响业务模式、流程甚至组织文化。所有这些变化的基础都是海量的数据。事实上，数据驱动型转型（从名字就可以看出！）的核心是企业为应对不断变化的条件、竞争对手和监管机构的行动以及流程变化而做出的决策，都是由数据驱动的。因此，妥善管理数据至关重要。数据战略指导企业如何管理数据和元数据——如何管理数据，决定使用哪些数据，是否（以及如何）提高数据质量以便使用，以及如何转换和简化数据的使用以实现业务目标。如果没有数据战略，数据驱动转型的效果可能会大打折扣，甚至完全失败。

从您的角度来看，谁负责推动数据战略的创建和维护？哪些利益相关者需要参与这一过程？

对于"谁应该推动数据战略的制定和维护"，一个比较明显的答案是企业架构师。但他们能否胜任取决于企业文化。虽然很多企业都是由架构师制定战略，但他们通常（尽管并非总是）不擅长制定这些战略来获得业务优势。也就是说，如果创建的战略不切实际，没有考虑到业务需要，或者企业架构师缺乏必要的领导力和专业知识，那么他们制定的战略会被证明一无是处。我发现，很难找到一个擅长制定和执行数据战略的企业架构师，包括找到业务中的利益相关者，获得高管支持，说服业务部门参与实现数据增值，并指导其完成产品——包括制定执行战略所需的战术。

另一种可能性是由经验丰富的数据管理专业人员组成团队，如数据治理、主数据管理、数据仓库/数据湖、元数据管理和数据质量等主要数据管理职能的负责人。在善于制定数据战略的咨询师的指导下，这些领域专家可以合作，以确保数据战略包含执行这些关键职能所需的全部。此外，每个组成部分都有自己的利益相关者来推动执行，他们可以就哪些业务目标最重要提供业务输入。

建立完整、横向的数据战略是成功实现数据管理计划的基础，新任数据治理领导者应该如何让高级管理层认识到这一点，并从中获得支持？对此您有什么建议？

我建议建立一个新的数据治理团队，由之前提到的各类人员组成，参与提高高级管理层的认知水平和认同感。尽管如此，我并不认为新的数据治理领导者应该专注于此，而应该为其提供支持。数据治理从业人员/领导者有大量工作要做，他们不一定是制定和"销售"数据战略的专家——这不是他们受雇的目的。他们应该支持这项工作，这样数据治理既有助于开发强有力的数据战略，也能从数据战略中获益。

第二部分
实施 PAC 方法

第一部分解释了数据战略 PAC 方法的前两个组件：数据战略框架和数据战略画布。第二部分详细介绍了 PAC 方法的第三个组件：数据战略循环。如果您跳过了第一部分，直接尝试应用数据战略循环中的十个步骤，可根据需要参考前面的章节以获得更好的理解。

第二部分

数据战略 PAC方法 组件3

数据战略循环

1. 定义/审查范围和参与者
2. 获取业务洞察力
3. 构建/更新数据一致性战略画布
4. 构建/更新数据管理战略画布
5. 构建/更新数据治理战略画布
6. 构建/更新特定数据管理职能战略画布
7. 构建/更新数据治理商业模式画布
8. 构建/更新三年路线图
9. 沟通与交际
10. 集成到业务战略规划中

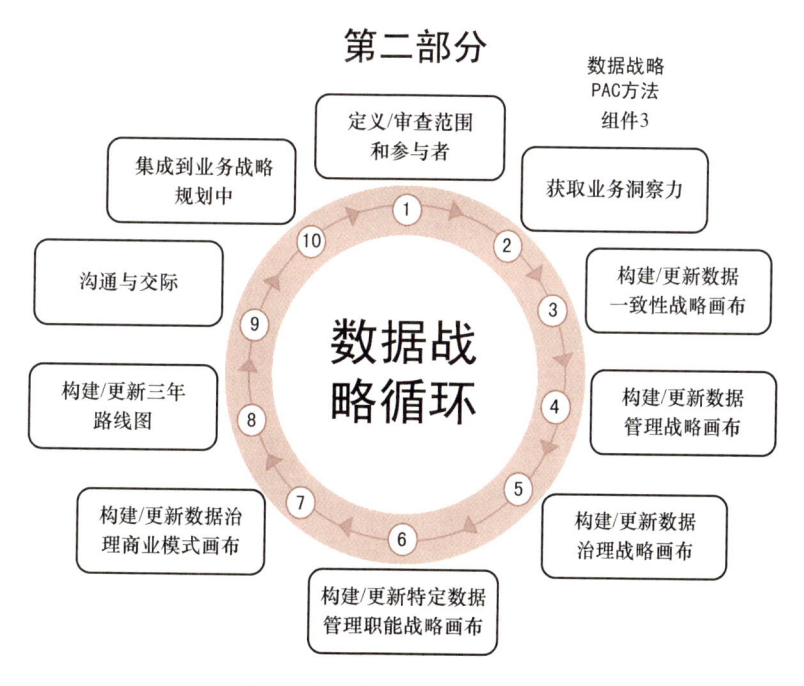

图 24　数据战略循环的十个步骤

第 7 章

数据战略PAC方法：
组件3——数据战略循环

> 不断尝试用新的方法解决问题是常识。如果失败了，那就坦然承认，然后再去试另一种，但最重要的是尽力尝试。
>
> 富兰克林·D. 罗斯福（Franklin D. Roosevelt）

第二部分

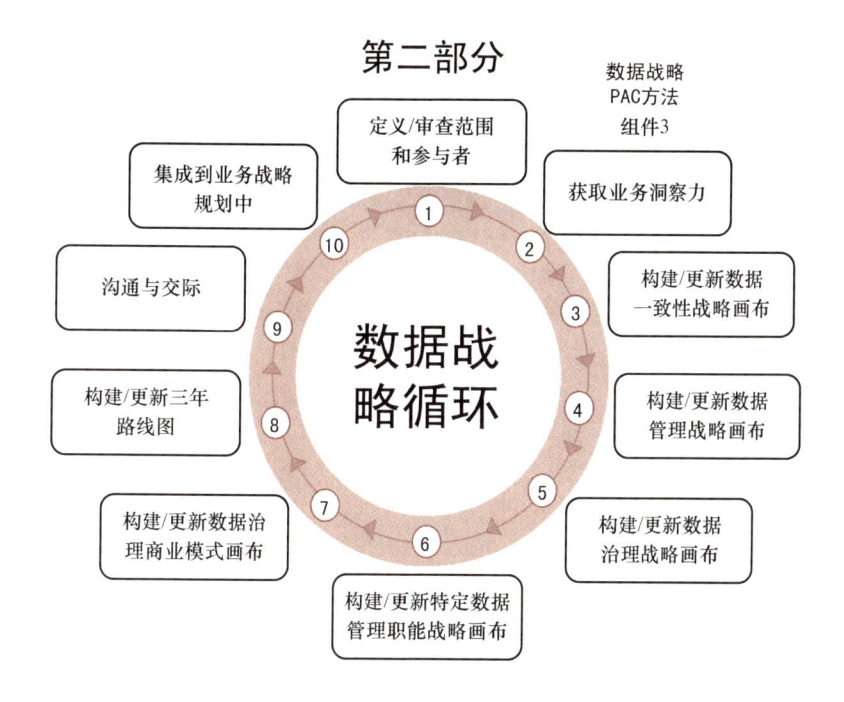

```
              定义/审查范围          数据战略
              和参与者              PAC方法
   集成到业务战略                    组件3
   规划中          1
              10      2    获取业务洞察力

   沟通与交际   9              3   构建/更新数据
                    数据战               一致性战略画布
                    略循环
   构建/更新三年  8              4   构建/更新数据
   路线图                            管理战略画布
              7      5
   构建/更新数据治          构建/更新数据
   理商业模式画布  6       治理战略画布

              构建/更新特定数据
              管理职能战略画布
```

7.1 数据战略十步循环介绍

现在到了学习数据战略循环十个步骤的时候，这是**数据战略 PAC 方法**的第三个组件。如果你阅读了前面 6 章，那么就已经掌握了理解该方法所需的所有背景知识，知道了它的起源，以及它为什么如此定义。如果直接从本章方法论入手，你会发现在阅读这些循环的步骤时，需要参考前面的章节。那些章节将引导你了解更多细节和背景。

PAC 代表的是 **P**ragmatic（务实的）、**A**gile（敏捷的）和 **C**ommunicable（易于沟通的）。图 25 再次展示了它的三个组件：

○ 灵感来自达内特·麦吉利夫雷所著《数据质量管理十步法：获取高质量数据和可信信息》，http://www.gfalls.com/。

○ https://dictionary.cambridge.org/dictionary/english-spanish/communicable。

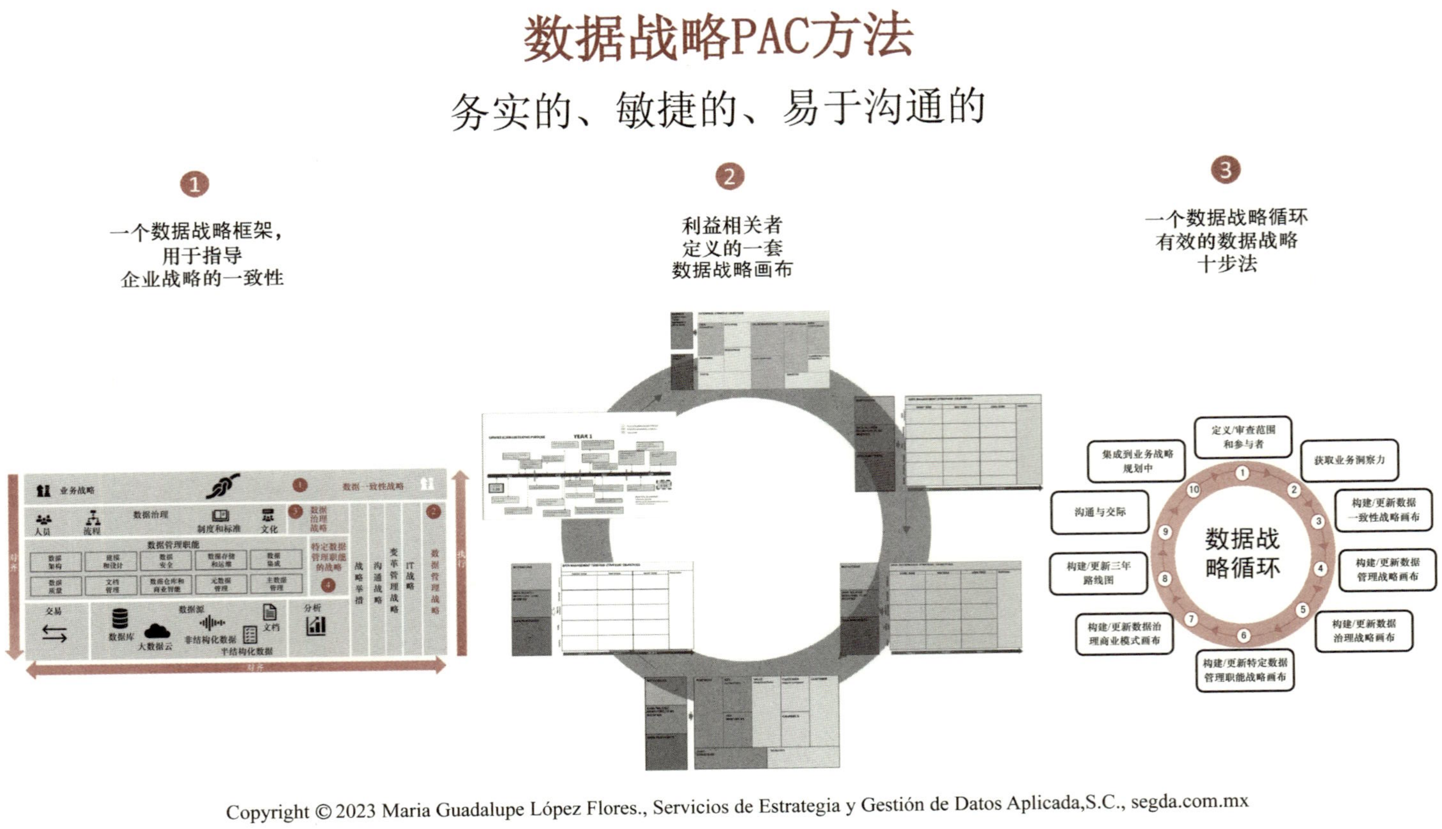
数据战略PAC方法
务实的、敏捷的、易于沟通的
1
一个数据战略框架，
用于指导
企业战略的一致性
2
利益相关者
定义的一套
数据战略画布
3
一个数据战略循环
有效的数据战略
十步法
业务战略
数据一致性战略
人员
流程
数据治理
制度和标准
文化
数据治理战略
数据管理职能
特定数据管理职能的战略
战略举措
沟通战略
变革管理战略
IT战略
数据管理战略
交易
数据源
数据库
大数据云
非结构化数据
半结构化数据
文档
分析
数据战略循环
定义/审查范围和参与者
获取业务洞察力
构建/更新数据一致性战略画布
构建/更新数据管理战略画布
构建/更新数据治理战略画布
构建/更新特定数据管理职能战略画布
构建/更新数据治理商业模式画布
构建/更新三年路线图
沟通与交际
集成到业务战略规划中
Copyright © 2023 Maria Guadalupe López Flores., Servicios de Estrategia y Gestión de Datos Aplicada,S.C., segda.com.mx

图25 数据战略PAC方法的组件

1. **数据战略框架**：展示了为什么需要一组紧密关联的数据战略，而不是一个。该框架从业务战略推导出数据治理路线图中的里程碑，再从里程碑推导出数据治理运营计划。详细描述请参见第 3 章。
2. **数据战略画布**：用于描述数据战略。画布是在一张幻灯片上展示一组想法（借鉴艺术家在绘画时所使用的画布）的概念。在我们的例子中，数据战略框架中包含的每个战略展示在一张画布上。这个概念的灵感来自亚历山大·奥斯特瓦德等人[○]设计的商业模式画布。有关这些画布的详细介绍请参见第 5 章。
3. **数据战略循环**：由十个步骤组成。在企业的战略计划中，这些步骤必须每年重复一次，以保持该战略与业务目标的关联。（如果业务战略发生变化，需每年循环跟随调整，但是也不排除在一个周期内就重新审视数据战略的情况。）

该方法的简便性使其对不同规模的组织都适用，唯一的区别在于参与的人数。甚至在我自己的公司里，对作为独立顾问的我来说，这种方法也是有效的。它帮助我明白必须做什么以及为谁做，这样我就可以有效地与他人沟通。在大型组织中，代表各个组织单位的利益相关者必须参与制定数据战略画布。这样数据战略才具有整体性（考虑到所有组织单位的需求）和开放性，如第 3 章所述。

1. **数据一致性战略**：该战略针对企业的战略目标、数据需求和数据相关痛点。为了定义该战略，我们要识别输入并进行优先级排序。
2. **数据管理战略**：以数据一致性战略作为输入，该战略优先考虑需要建立的或已经成熟的数据管理职能（位于框架的中心），以及应用这些职能的组织单位和数据域。
3. **数据治理战略**：该战略对需要建立的数据治理能力以及需要治理的对象（流程、报告、数据域、数据源、数据存储库等）进行优先级排序。
4. **特定数据管理职能战略**：数据管理战略中优先考虑的每个数据管理职能都必须有自己的战略。

○ Alexander Osterwalder，https://www.alexosterwalder.com/ Business Model Canvas，https://bit.ly/3LSV4bb

图 26 说明了制定各个数据战略的步骤。在本章中，我们将探讨每个步骤。在执行这些步骤之前，应得到高级管理层的支持。虽然几乎每个人都会说有一个数据战略和提高信息质量是重要的，但通常人们却不愿意在这些事情上实际投入时间和资金。常见的反对的声音如下：

- 我们已经有了数据战略……我们正在把数据迁移到云端。
- 制定数据战略是一个好主意，但成本太高，而且需要数月的时间才能完成。我们目前迫切需要尽快将主数据落实到位。
- 运营活动不能中断。我们不能派专人去编写数据战略，找别人来帮我们写吧。
- 数据战略毫无价值。在没有数据战略的情况下，我们已经运营好多年了。
- 数据战略并不实用。我们需要的是立即解决我们的数据问题。

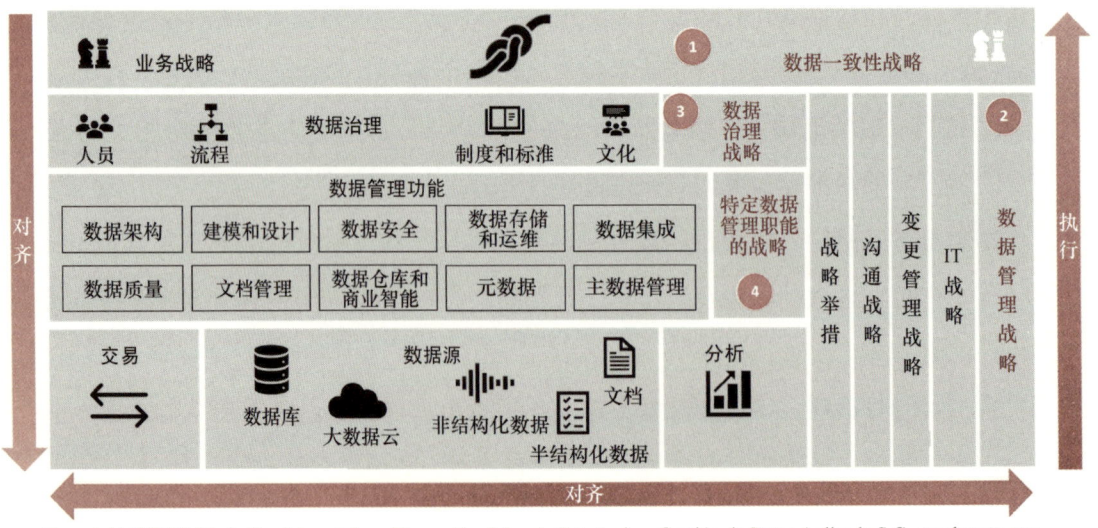

图 26　制定数据战略的步骤

在寻求支持之前，准备好用下面的话术来回应那些错误的观点：

- **整体性**：为了获得有效的成果，数据战略必须超越发展技术平台和解决方案的层面。它必须从整体上解决业务需求、动机、与数据相关的痛点、与数据相关的不良行为，以及最重要的——与业务战略目标保持一致等问题。它还必须是一个开放的战略，来自整个组织的利益相关者都必须对其做出贡献，并参与其制定过程。这是他们未来支持战略执行的理由。最后，数据战略应易于组织中的每个人查找和理解。

- **计划性**：准备一个时间表，说明制定第一版数据战略需要多长时间。通常可以在九周内完成数据一致性战略、数据管理战略、数据治理战略、数据治理商业模式和数据治理路线图的第一次迭代。

- **开放性/包容性**：对于大型组织来说，如果只是由个别人或个别顾问定义数据战略，则这样的战略很难执行。因为大多数利益相关者只有参与了该战略的制定才会认同该战略，应该包括来自整个组织的所有利益相关者。

- **证据支撑性**：记录一个组织投资技术平台或解决方案用于修复数据，却未能达到预期效果的案例。

- **可沟通性**：准备一份一页纸的数据战略章程，以传达数据战略的实际方法、时间表、所需资源和预期效益。

制定数据战略绝对不是同 IT 和数据运营无关的的孤立工作。将这一过程整合到组织的年度战略规划中。当你将数据战略纳入业务战略规划中时，这个循环就闭环了。

在进入数据战略循环前，如果你是首次执行该循环，需要定义所有的步骤。数据战略一旦制定，就是一个动态的文件，当企业战略变化时，必须跟随更新数据战略。使用这里介绍的十个步骤，至少每年一次，重新审视和更新之前已经制定的数据战略。对于成熟的组织，这种年度评审所花费的时间会越来越少。毫无疑问，修改现有的画布总是比从头开始要更容易。

7.2 遵循数据战略循环

7.2.1 步骤1：定义/审查范围和参与者

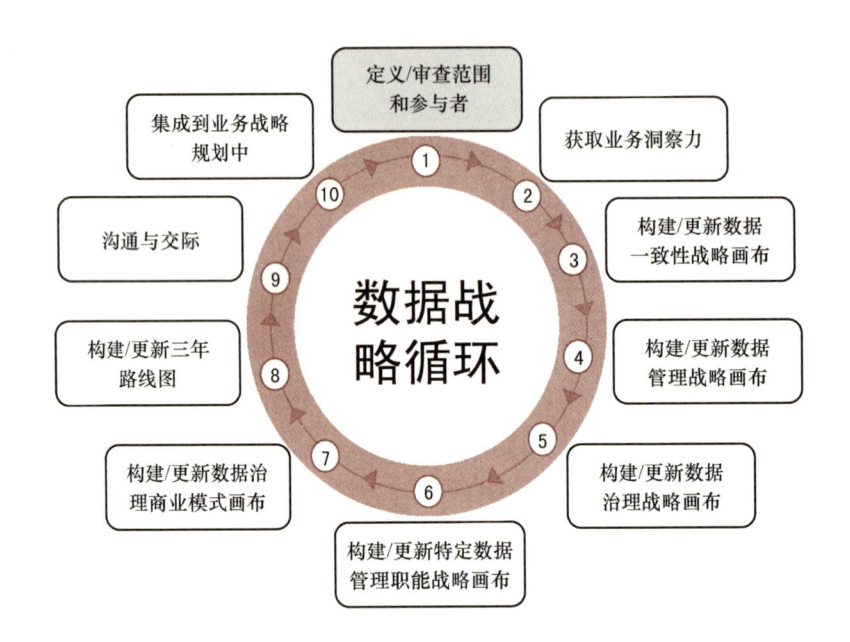

第一步的重点是识别数据战略的利益相关者。这需要来自整个组织的所有利益相关者。对于大型组织，特别是跨国公司，在这时界定这一举措的范围。该举措是否会从公司层面开始，并级联到各业务部门？或者它只是一个以公司定义作为输入的部门级举措？首先需要一个具有强大组织影响力的数据战略发起人。该发起人应该提出范围建议，并获得最高管理层的支持。

由于有多个利益相关者参与，因此必须谨慎地提出一个符合他们议程和组织时间框架要求的进度表。

步骤 1 的过程

1. **拥有一位数据战略发起人**：发起人可以来自业务部门或 IT 部门。发起人最重要的特征是他/她致力于制定一个全面、开放的数据战略，并且他/她可以在资金、协作和利益相关者参与方面影响高层管理人员。

2. **定义范围并确定参与者**：目的是让组织中尽可能多的部门观点得到表达。对于利益相关者在组织内的级别没有限定——该群体可能包括高级管理层和运营人员。所有人都应该了解其部门的流程和数据相关问题。他们需要勇敢地表达，即使高级管理层在场，也不要感到害怕。

3. **制定一页篇幅的数据战略章程**：一页篇幅的数据战略章程必须侧重于基本：提出**什么**建议，**为什么**提出，**如何**实施，**谁**需要参与，**何时**实现，以及它的**好处**。它还包括制作配套的幻灯片来宣导数据战略举措、与会者概况和所需时间。

4. **准备一份有号召力的宣传材料**：准备一份有号召力的宣传材料，与组织内各个层级的人员分享。让发起人录制一段简短（3~5 分钟）的动员视频，重点介绍这份材料。当第一次与参会者见面时，用这段视频作为工作会议的开场白，激励参与该举措的各个利益相关者。发起人通常来自最高管理层，公务繁忙。录制视频能使发起人提供持续支持，而不必担心他无法出席而导致会议进度延期。

5. **决定研讨会形式**：可以选择采用线下面对面会议或在线会议的形式完成工作。其中第二种选择允许不同地点的人员参会。决定研讨会形式后，要安排相应的设备设施。

6. **决定要使用的技术和工具**：赫伯特·西蒙（Hebert Simon）于 1969 年在他的《人工科学》一书中引入了"设计思维技术"的理念。该书现已出版第三版（2019 年）。设计思维技术对这项工作非常有效。[一]这些技术营造了一个可以换

[一] Design Thinking，https://www.interaction-design.org/literature/topics/design-thinking

位思考的环境，使我们能够收集制定数据战略所需的信息。对于现场会议，"牛皮纸"技术非常有效。将牛皮纸贴在会议室的墙壁上，您可以在上面画出输入（问题、动机、业务战略目标、行为、痛点）框或其他画布要素，具体情况取决于会议要求。参与者在房间里走动，并在便利贴上撰写内容。一些办公场所的会议室有玻璃墙，非常适合这种技术。当进行虚拟会议时，可以通过协作工具来实现类似的动态交互。参与者可以分享他们的想法，然后在每个参与者都了解了所有想法之后，投票选出前 10 名。在选择工具时，请确保工具有投票功能。

7. **安排研讨会**：目标是让尽可能多的利益相关者积极参与。因此，选择会议的最佳日期和时间至关重要。为步骤 2~8 所需的所有会议制定一个时间表。确保参与者至少提前两周收到邀请。避免与组织内的其他关键日期重叠，如月底。

8. **为邀请函准备一份清晰且引人入胜的材料**：从主题到内容，要仔细地编写会议邀请函。如果可能的话，安排由发起人或其他参与者重视的人来发送邀请函。

9. **确保及时性**：在会议活动开始前至少两周发出邀请，然后提醒受邀者保持对会议活动的持续关注。

小型企业/组织的注意事项：类似的步骤也适用于利益相关者人数较少的小型组织。在小型组织中，一个人可能扮演多个角色。

步骤 1 总结见表 3。

表 3　步骤 1 总结

	步骤 1：定义/审查范围和参与者
目标	• 基于定义的范围，确定制定/审查数据战略必须参加的部门 • 确定参加数据战略研讨会的个人利益相关者 • 组织议程，让参与者有所期待 • 安排研讨会，确保避免重大冲突 • 做好后勤管理并列出参与者清单，确保受邀参与者的出席，并保证设备设施和工具的可用性

(续)

	步骤1：定义/审查范围和参与者
目的	• 确保在有能够代表整个组织的关键利益相关者的参与下，制定全面的数据战略 • 确保发起人向参与者发出有号召力的材料 • 确保使用数据或对数据有影响的部门可以影响数据战略的制定 • 确保所有选定的部门参与其中 • 确保数据战略研讨会的参与者对其部门的流程以及现有数据相关问题的类型有深刻的认识和理解，从而最大限度地节省参与者的时间 • 确保一切准备就绪，可以召开数据战略制定研讨会
输入	• 范围定义（集团/公司/区域/分支机构） • 组织架构图 • 现有治理机构
技术和工具	• 数据战略利益相关者金字塔（图15） • 方便的问卷 • 数据战略章程 • 准备好的检查表
输出	• 数据战略章程 • 准备好的检查表 • 流程中包含的各部门列表 • 参与者列表，包括他们的部门、角色以及他们需要参加的研讨会 • 研讨会日历、议程和参与者的邀请函 • 发起人引人入胜的观点
参与者	• 数据治理负责人或者同级别人员 • 数据战略发起人 • 治理机构，包括最相关的管理人员
检查点	• 有一个数据战略发起人 • 定义范围和参会者 • 制定一页篇幅的数据战略章程 • 确保发起人录制一份有号召力的宣传材料 • 决定研讨会的形式 • 决定要使用的技术和工具 • 确定研讨会的最佳时间表 • 为参与者定义一份清晰且引人入胜的邀请函 • 至少提前两周发出邀请 • 确保参与者收到邀请

7.2.2 步骤2：获取业务洞察力

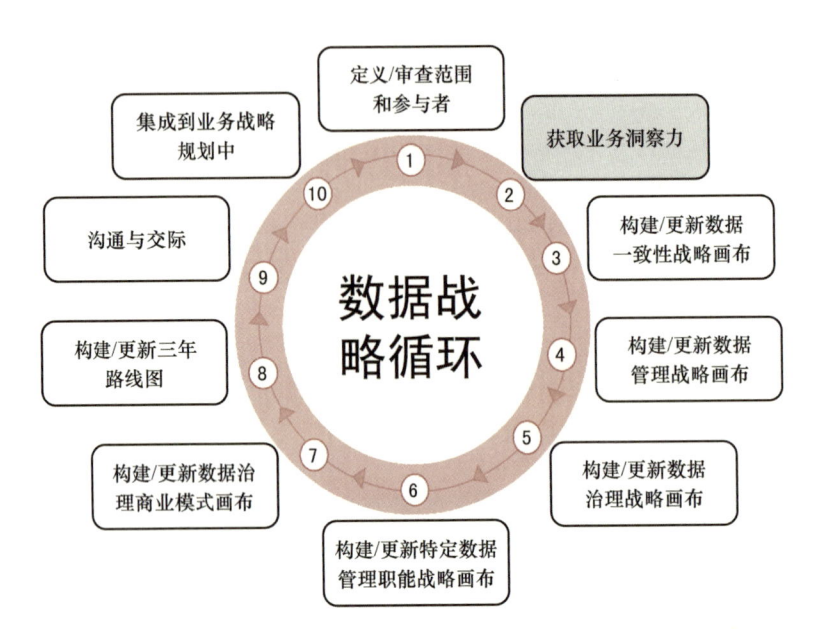

步骤2致力于增加对组织的了解。理想情况下，首先从审查企业战略开始。有时企业战略并非以文字形式存在，即使有，整个组织对它的理解也不一定相同。此步骤的目的是就最高业务战略目标达成共识，将其作为制定数据战略的主要输入。

在第5章中，我们讨论了数据战略定义的其他输入：

- 业务问题。
- 与数据相关的痛点。
- 动机。
- 需要改进的与数据相关行为。
- 战略举措。

这个步骤的目标是从整个组织的利益角度考虑确定输入的优先级，而非仅仅单个部门的利益。这需要步骤1中确定的所有利益相关者的积极参与。

这是与所有利益相关者的第一次会面，高层管理人员、董事和运营领域专家齐聚一堂，所有人的议程都非常紧凑，而且他们的时间都很宝贵，因此可以预见会议中出现的质疑声。这就是为什么开始要做一个简短介绍，解释邀请他们的原因以及你对这个团队组的期望。

步骤 2 的过程

1. **收集最新的业务战略目标**：这项任务包括收集相关信息以加快数据战略的制定。在大中型组织中，最早需要接触的应该是实现业务规划目标的团队。还有一种可能，这些业务目标已经包含在企业战略中。企业战略通常以五年为期限，并每年更新。如果幸运的话，管理层可能已经在组织内部网上发布了该战略。除了关于业务目标和动机之外，找到其他文档信息可能比较困难。可以尝试在业务经营研讨会期间收集大部分额外信息。
2. **准备工具**：在召开研讨会之前，必须为每个活动准备设计思维工具。创建模板，让参与者填写他们的想法。为每个主题准备一些标杆项目或示例以展开讨论，并提出明确要求。为了加快会议期间的活动进度，会议前模板文件中最好填充如下内容：
    - （1）**业务战略目标**：基于在第 1 点中找到的相关信息，创建包含所有业务战略目标的列表。在研讨会期间，如果发现缺少某些内容，可以让参与者将目标添加到列表中，如果尚未确定优先级，先确定前 3~5 个目标。
    - （2）**业务问题**：要求所有参与者列出他们经营业务过程中的问题。这通常比较困难，因为不同的人会以不同的方式理解"业务问题"的概念。澄清问题的最好方法是在模板中提供 3~5 个示例问题，这样参与者就可以参考示例提出自己的问题。
    - （3）**数据管理动机**：要求参与者表达他们启动或加强数据管理计划的动机。根据你对组织的了解，识别出开展数据管理计划的三个动机，并将它们添加到模板中，供参与者后续增删调整。
    - （4）**数据痛点**：第四项活动将列出所有与数据相关的痛点，因此需要更换模板。最终，所有参与者必须投票选出十大痛点。

（5）确定需要改进行为的优先级：本节的最后一项活动是识别与需要改进的数据相关不良行为并确定其优先级。对于这些活动，准备一块地方，列一个简单的列表。可以起草一些例子（例如，报表设计人员没有指出在其报表中使用的数据源）。如果你将参与者的想法创建了列表，那么请他们投票选出前五名。

3. **安排研讨会**：因为参与者的日程很忙，所以提前向所有参与者发出会议邀请很重要——至少在会议开始前两周，这样就不会使参与者的日程出现冲突。

4. **组织研讨会**：研讨会必须敏捷高效，因而提前准备是必不可少的。可以使用计时器。首次会议的目标如下：

    1）**确定三大业务战略目标的优先级**：使用包含第 2 条（1）内容的模板，参与者应根据需要对列表进行补充。之后，让小组就目标的优先级达成一致。

    2）**确定业务问题的优先级**：请所有参与者列出他们在经营业务时遇到的问题。使用包含第 2 条（2）内容的模板。请所有参与者投票选出与整个组织最相关的前 10 个问题。

    3）**确定数据管理动机的优先级**：请参与者表达他们启动或加强数据管理计划的动机。请他们投票选出前五名。

    4）**确定数据痛点的优先级**：请参与者列出与数据相关的痛点。他们可能会从与基础设施相关的问题开始，如容量不足或响应时间过长。你可能需要引导与会者找出与数据本身相关的问题，如由于数据质量较差而导致报告不一致等。参与者必须投票选出前十大痛点。

    5）**确定需优先改变的行为**：最后一个需要识别和确定优先级的输入是需要改进的数据相关不良行为。如需引导参与者，请准备好相关的例子。如果你将参与者的想法创建了列表，那么请他们投票选出前五名。

    6）**确定战略举措及其优先级**：在数据管理和数据治理中，最后需要考虑的因素就是组织中为支持实现业务战略目标而正在进行或即将开始的最高优先级的计划或举措的优先级列表。这些计划或举措将从从数据管理中受益颇多。

步骤 2 总结见表 4。

表 4 步骤 2 总结

	步骤 2：获取业务洞察力
目标	• 确定当前的业务战略目标 • 确定主导决策的关键业务问题 • 确定定义或增强数据管理计划的所有业务驱动因素和动机 • 确定组织中当前正在进行的所有战略举措 • 确定组织中与数据相关的痛点 • 确定与数据相关的不良行为
目的	• 收集定义数据战略所需的所有输入 • 对收集的输入进行优先级排序 • 就数据管理必须优先关注的要点达成共识
输入	如果可用： • 企业战略规划 • 战略举措清单 • 监管/法律/审计要求/驱动因素 • 现有数据战略
技术和工具	• 用于头脑风暴和评分的协作工具（例如 Mural、MS365 白板等） • 用于现场研讨会的"牛皮纸"技术 • 收集业务战略目标、业务问题、与数据相关的行为和与数据相关的痛点并确定优先级的研讨会
输出	• 高优先级的业务战略目标 • 高优先级的业务关键问题 • 高优先级的开展数据管理的业务驱动因素/动机 • 高优先级的与数据相关的不良行为 • 高优先级的与数据相关的痛点
参与者	根据定义的范围和现有领域： • 各业务线代表 • 公司治理代表 • 法务代表 • 战略规划代表 • 信息安全代表 • 企业架构代表 • IT 代表 • 数据治理负责人和团队

	步骤2：获取业务洞察力
检查点	• 收集所有现有文档，作为输入所需元素 • 准备选定的协作工具或牛皮纸和模板 • 准备一个介绍性的幻灯片，明确指出在流程中的位置，以及对这一特定步骤的期望 • 确保研讨会如期召开，以获取业务洞察力，并确认拟出席情况 • 召开研讨会，获取业务洞察力 • 对研讨会期间收集的信息进行分类

(续)

7.2.3 步骤3：构建/更新数据一致性战略画布

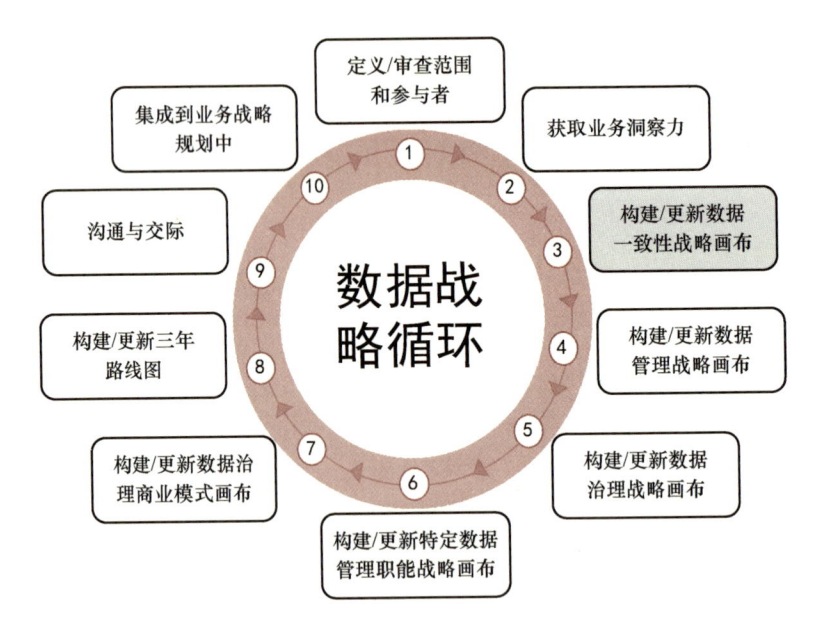

在步骤3中，我们开始制定数据战略，首先从数据一致性战略开始（图26）。在步骤2中，我们将来自组织各部门的代表聚集在一起，确定业务战略目标和关键业务问题的优先级。步骤3的重点是确定回答这些问题所需的数据，无论它们是否存在。数据一致性战略仅需要步骤2中确定的三个输入：

- 业务战略目标。
- 业务问题。
- 与数据相关的痛点。

数据一致性战略是通过步骤2中所有利益相关者参与的研讨会确定的。在准备研讨会的过程中，数据治理负责人为数据一致性战略画布上的每个单元格填充基线内容（清单）。参与者将在这份清单的基础上添加（或删除）条目。通常情况下，要分三次会议完成这项工作，每次会议两小时。前两次会议将确定每个类别的要素，并对其进行优先级排序；在第三次会议上，向参与者展示根据前面会议填满了所有输入的画布。此时，我们可能进行一些调整，最终确定画布。团队第一次经历的应该是第一版循环。如果团队要对画布进行年度审查，其起点就是现有的画布。第一次会议的目标是确定每个单元格内容的变化。第二次会议的目标是审查更新后的画布。

在该战略已经存在的情况下，年度修订审查通常更容易完成。尽管如此，根据环境（内部和外部）的变化，讨论可能需要同样次数的会议。

步骤3的过程

1. 准备数据一致性战略研讨会

（1）填充画布。

1）注意：图27显示了填充和阅读数据一致性战略画布应遵循的顺序。

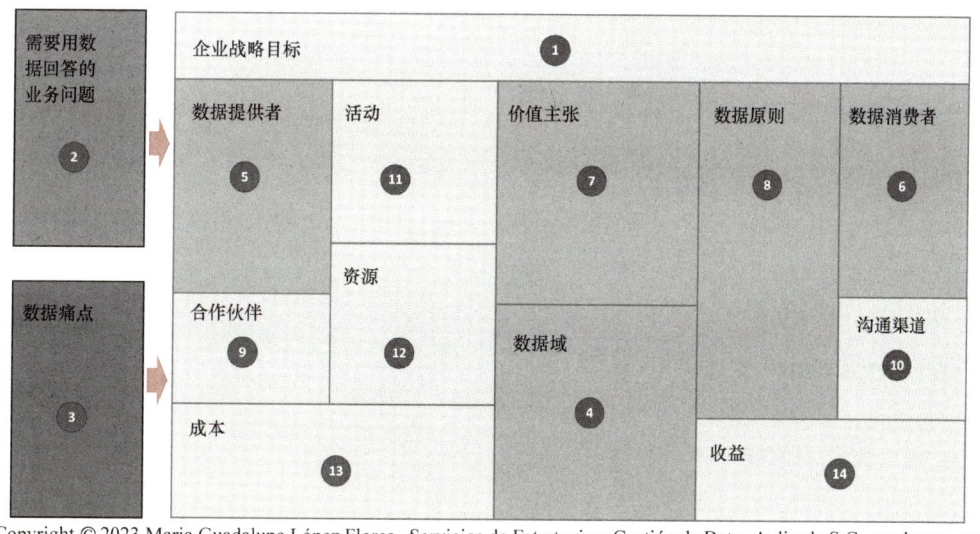

Copyright © 2023 Maria Guadalupe López Flores., Servicios de Estrategia y Gestión de Datos Aplicada,S.C., segda.com.mx

图27　填写和阅读数据一致性战略画布的顺序

2）在步骤 2 中定义了画布单元格 1、2 和 3 的内容。在研讨会前填充这些单元格。

3）根据收集到的信息，为单元格 4~14 准备一份内容清单。此时，不要担心信息不正确或不完整。这只是一个起点。如果是对已有数据一致性战略的年度审查，那么起点就是前一年批准的内容。

(2) 准备已选定的协作工具，包括研讨会的布局和模板，以及各项清单的内容。

(3) 准备会议开场白幻灯片。第一次会议适合做一个背景介绍，描述举措、参与者领域、会议机制和研讨会目标。不要忘记展示时间轴，标明会议在其中的位置。对于之后的会议，可以给出上一次会议的总结和本次会议的目标。

(4) 确认研讨会的日程安排并确认参与者。会议时间不宜超过两小时，所以要确保有一个明确的议程，并为每项活动分配时间。指定一名计时人员。

2. **召开研讨会**

(1) 至少需要两次会议来获取单元格 4~8 的内容。利用第一次会议来完成单元格 4~6。这些步骤的重点是数据域、数据提供者和数据消费者。

(2) 以提前准备的幻灯片作为开场白，让参与者产生期待。

(3) 针对每个单元格：

1）解释单元格的目的，并提供一些说明性示例。

2）请参与者单独写下他们对特定单元格内容的想法。

3）给所有参与者时间阅读其他利益相关者的所有想法，并投票选出五个最相关的想法，确定优先级。

3. **填写数据一致性战略画布**

(1) 这是一项综合活动。在单元格 4~8 中，必须按照优先级顺序排列利益相关者提出的所有观点。如前所述，单元格 4~6 侧重于数据域、数据生产者和数据消费者；单元格 7 和 8 侧重于数据原则和数据管理的价值主张。将两者结合，就能了解如何调整数据以满足业务需求。在整个过程中收集的所有材料都是支持数据战略的背景，因此请务必将它们妥善保存，以供参考和支持。

（2）根据你对组织的了解，以及从步骤 1 和 2 中获得的输入，可以填写单元格 9~14，这些单元格侧重于数据管理过程中所需的要素。（请参阅第 5 章，了解每个单元格的内容）

4. 需求反馈

（1）与利益相关者共同召开第三次会议，展示完整的数据一致性战略画布。对于还没有填写完整的单元格 9~14，与利益相关者一起讨论并获取总体反馈。

（2）生成数据一致性战略画布的最终版本。

（3）确保生成的画布标识有效的日期和版本信息。

（4）在画布上添加"草稿"水印。

（5）现在是考察统筹能力和思考能力的时候了，将填写好的草稿画布发送给所有利益相关者，让他们提供最终反馈。确定提交反馈的截止日期，并明确指出，若不提供反馈，则表示默认接受了画布中的内容。

5. 获得批准

（1）根据收到的反馈进行全面调整。

（2）更新版本并删除"草稿"水印。

（3）将数据一致性战略画布提交给利益相关者并请求批准，包括注明批准的截止日期。

（4）收集所有利益相关者的审批意见。

（5）将结果提交给发起人以获得批准。

6. 转到步骤 9：沟通与交际

步骤 3 总结见表 5。

表 5　步骤 3 总结

	步骤 3：构建/更新数据一致性战略画布
目标	- 确定满足业务需求所需的数据类型 - 确定数据生产者和消费者 - 确定管理数据的原则 - 确定数据战略的价值主张 - 确定建立可持续数据管理计划所需的关键活动 - 确定数据管理的高层级成本和收益
目的	无论是首次制定还是随后的年度审查，制定该战略的目的都是： - 调整解决业务战略目标和业务问题以及与数据痛点相关的问题所需的数据（域）类别 - 就在如何生成和使用数据方面整个组织必须遵循的原则达成共识 - 确定数据管理必须关注的数据类别的优先级 - 确定数据域主要生产者和消费者的优先级 - 就数据战略和数据管理计划的价值主张达成共识 - 确定实现数据战略所需的关键活动和资源
输入	- 高优先级的业务战略目标 - 已分类的和高优先级的业务问题 - 高优先级的数据管理动机 - 高优先级的数据相关不良行为 - 高优先级的数据痛点
技术和工具	- 审查/更新数据一致性战略研讨会 - 数据一致性战略画布模板 - 用于头脑风暴和评分的协作工具（例如 Mural、MS365 白板等） - 用于现场研讨会的"牛皮纸"技术
输出	- 数据一致性战略画布
参与者	- 数据治理负责人和团队 - 来自以下部门的代表： 1）各业务线 2）公司治理 3）法务 4）战略规划 5）信息安全 6）企业架构 7）IT

(续)

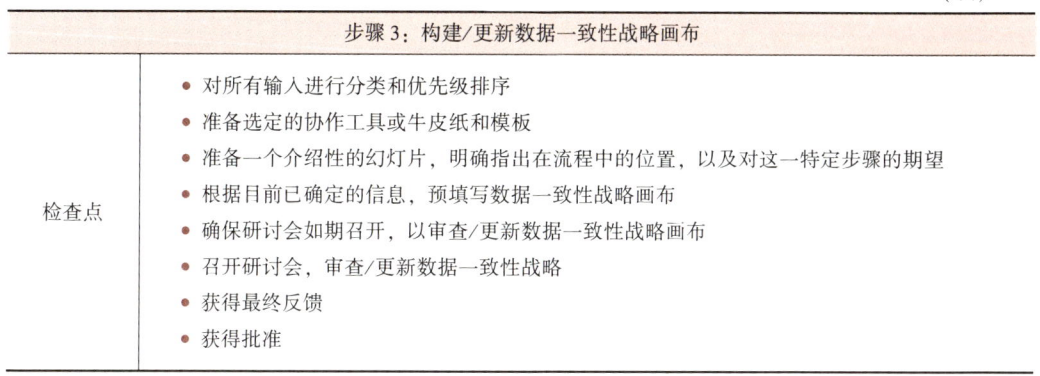

	步骤3：构建/更新数据一致性战略画布
检查点	• 对所有输入进行分类和优先级排序 • 准备选定的协作工具或牛皮纸和模板 • 准备一个介绍性的幻灯片，明确指出在流程中的位置，以及对这一特定步骤的期望 • 根据目前已确定的信息，预填写数据一致性战略画布 • 确保研讨会如期召开，以审查/更新数据一致性战略画布 • 召开研讨会，审查/更新数据一致性战略 • 获得最终反馈 • 获得批准

7.2.4 步骤4：构建/更新数据管理战略画布

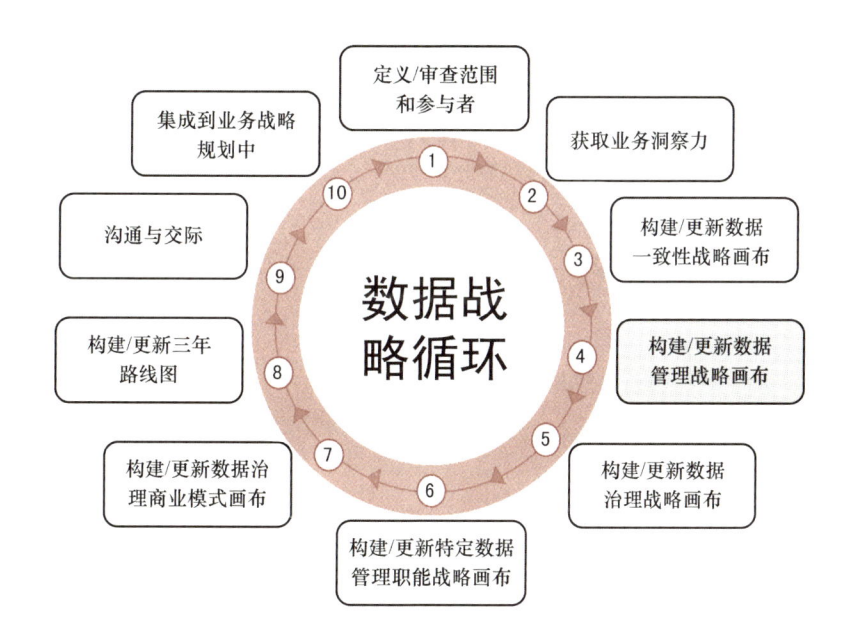

到了步骤4，我们知道一个好的数据管理计划可以实现业务战略目标。我们还知道支持这些目标所需的数据域，以及我们处理这些领域的顺序。现在是时候确定数据管理职能并对其进行优先级排序以支持计划和业务战略了。确定这些职能的优先级是构建整体计划的基础。

步骤4的主要目标是根据数据管理的驱动因素或动机（图28中的②）制订数据

管理战略画布。它设定了为支持数据战略，三年内需要优先实现的数据管理职能目标。

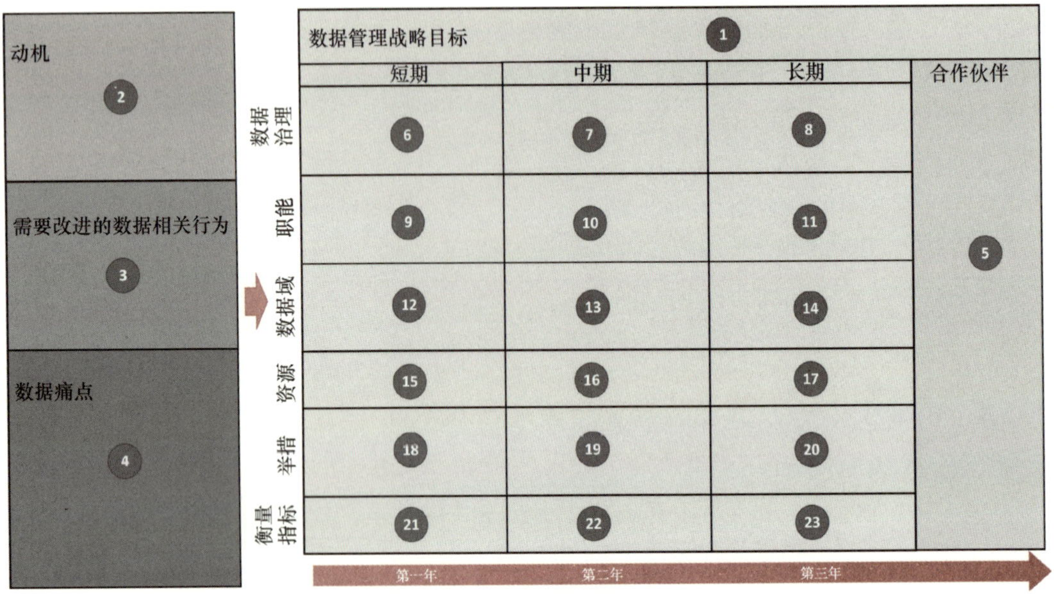

图 28　填写和阅读数据管理战略画布的顺序

步骤 4 的过程

1. 准备数据管理战略研讨会

（1）根据步骤 2 中的输入、步骤 3 中生成的数据一致性战略以及所有支持文档，为图 28 所示画布中每个单元格的内容准备一个清单。

1）单元格 2~5 的内容来自步骤 2。

2）在第一次研讨会上，填写单元格 1，然后起草单元格 6~14 的草案清单。

3）单元格 15~23 的内容保留到第二次会议讨论。如果已知这些单元格的内容，请准备好，但务必在第一次研讨会之后再填写。

（2）准备选定的协作工具，包括研讨会的模板和项目清单的内容。

（3）准备作为会议开场白的幻灯片。第一次会议最好介绍背景，描述举措、参与者领域、会议机制和研讨会目标。不要忘记展示时间轴，标明会议在其中的位置。对于之后的会议，可以附上上一次会议的总结和本次会议的目标。

（4）根据目前掌握的信息，填写数据管理战略画布（图28）。

（5）安排至少两次研讨会，以便有足够的时间确定单元格1和6~23的内容并确定其优先级。

（6）向参与者确认能否出席会议。

2. **召开研讨会**

（1）利用第一次会议填写单元格1和6~14的内容。

（2）以介绍幻灯片作为开场白，让参与者产生期待。

（3）对于单元格1：

1）解释单元格的目的，并提供一些内容的说明性示例。

2）请参与者单独写下对特定单元格内容的想法。

3）给所有参与者时间阅读其他利益相关者的所有想法，并投票选出五个相关性最高的想法。

（4）对于单元格6~14，使用预先填写的画布来引导对话。

1）请参与者保留或删除列出的备选条目，并提出新的建议。

2）请参与者投票选出前三个主题。这样优先级也就确定了。

3. **完善数据管理战略画布**

（1）将步骤2的结果填入单元格2、3、4和5。

（2）这是一项综合活动。必须按照步骤2中定义的优先顺序，将利益相关者提出的所有想法填入画布的单元格1和6~23中（有关各单元格内容的完整说明，请参阅第5章）。

4. **需求反馈**

（1）确保生成的画布标识有效的日期和版本信息。

（2）在画布上添加"草稿"水印。

（3）将填写好的画布发送给所有参与定义画布的利益相关者，请他们提供反馈意见。确定提交反馈的截止日期，并明确指出，若不提供反馈，则表示默认已经接受了画布中的内容。

5. 获得批准

（1）根据收到的反馈意见进行全面调整。

（2）更新版本并删除"草案"水印。

（3）将数据管理战略画布提交给参与定义的利益相关者批准，确保注明截止日期。

（4）收集所有利益相关者的审批意见。

（5）提交给发起人并获得批准。

6. 转到步骤9：沟通与交际

步骤4总结见表6。

表6　步骤4总结

步骤4：构建/更新数据管理战略画布	
目标	• 确定数据管理战略目标 • 确定满足业务需求所需的数据治理职能 • 确定满足业务需求所需的数据管理职能 • 确定开展中的战略举措以测试数据管理实践 • 确定数据管理衡量指标和执行进度的KPI，以衡量战略执行进度 • 确定执行数据管理战略的关键合作伙伴
目的	• 以受管理的方式确定数据管理职能的优先级，以响应业务动机、需要改进的行为和痛点 • 确定所选数据管理职能优先应用的数据域 • 确定所选数据管理职能优先应用的数据源 • 确定所选数据管理职能战略优先应用的战略举措 • 确定数据管理战略衡量指标和KPI的优先级
输入	• 数据一致性战略 • 高优先级的数据管理动机 • 高优先级的数据相关不良行为 • 高优先级的数据痛点
技术和工具	• 审查/更新数据管理战略研讨会 • 数据管理战略画布模板 • 用于头脑风暴和评分的协作工具（例如Mural、MS365白板等） • 用于现场研讨会的"牛皮纸"技术

(续)

	步骤4：构建/更新数据管理战略画布
输出	• 数据管理战略画布
参与者	• 数据治理负责人和团队 • 各业务线代表 • 信息安全代表 • 企业架构代表 • IT代表 • PMO代表
检查点	• 准备选定的协作工具或牛皮纸和模板 • 准备一个介绍性的幻灯片，明确指出在流程中的位置，以及对这一特定步骤的期望 • 根据目前已确定的信息，预填写数据管理战略画布 • 确保研讨会如期召开，以审查/更新数据管理战略画布 • 召开研讨会，审查/更新数据管理战略画布 • 获得最终反馈 • 获得批准

7.2.5 步骤5：构建/更新数据治理战略画布

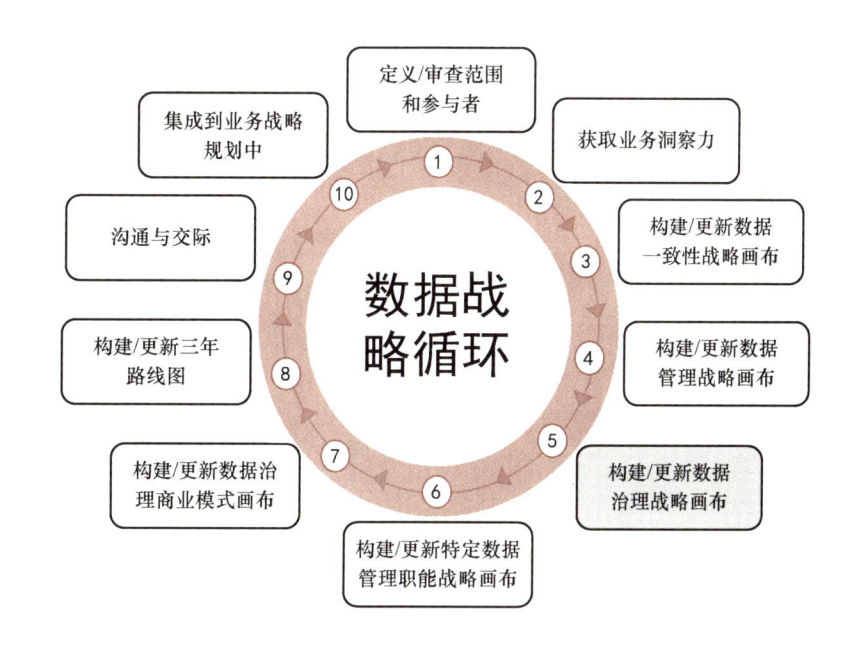

在步骤 4 中，我们对数据管理职能进行了优先级排序，首先是数据治理能力。步骤 5 将深入探讨数据治理的细节。所有的画布都设定了期望通过数据管理实践逐步实现的目标。数据治理是最值得关注的数据管理职能，它为其他职能（数据架构、数据质量、元数据管理、数据集成等）提供指导。在此步骤中，我们将确定数据治理的战略目标，随着时间的推移需要构建的职能，以及由谁来实现这一职能。其中最重要的一点是确定哪些对象（业务流程、监管报告、数据存储库等）需要优先进行治理。

在进行数据治理战略规划之前，强烈建议选择一个基于能力的数据管理成熟度模型（参见第 2 章）。

步骤 5 的过程

1. **准备数据治理战略研讨会**

    （1）根据步骤 2 中生成的输入信息、步骤 3 中生成的数据一致性战略、步骤 4 中生成的数据管理战略以及所有支持文档，为画布中的每个单元格准备一个项目列表，如图 29 所示。

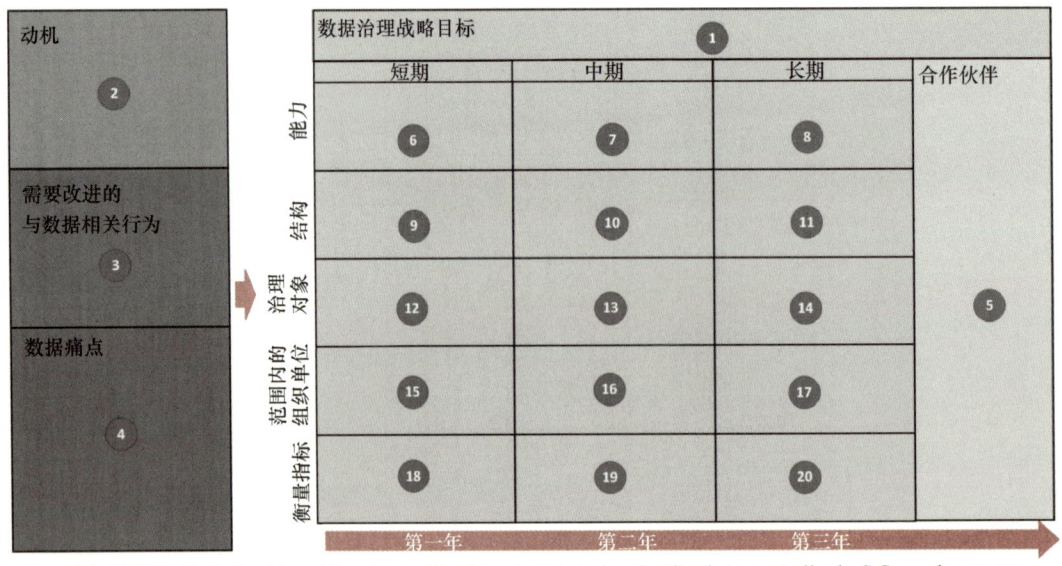

图 29　填写和阅读数据治理战略画布单元格的顺序

1）从步骤 2 中，可以获得单元格 2、3、4 和 5 的内容。

2）可能需要细化单元格 5，以确定支持数据治理的合作伙伴（例如 PMO、内部沟通、内部审计、合规等）。

3）在第一次研讨会上，准备从单元格 1 开始，涵盖单元格 6~11。我们将在第二次会议上讨论单元格 12~20。

（2）准备选定的协作工具，包括研讨会模板和项目清单的内容。

（3）准备幻灯片作为会议的开场白。第一次会议最好介绍背景，描述举措、参与者领域、会议机制和研讨会目标。这样有助于记录所有活动，以便将来参考。参与数据治理研讨会的利益相关者应了解所有举措，因为他们参与了之前的步骤。这些幻灯片与步骤 3 和步骤 4 中使用的相同，只是更新了时间轴，并标明了会议在其中的位置。在随后的会议中，可以附上上一次会议的总结和本次会议的目标。

（4）根据当前掌握的信息，填写数据治理战略画布（图 29）。

（5）安排至少两次研讨会，以便有足够的时间确定单元格 1 和单元格 6~20 的内容并排列优先顺序。

2. 召开研讨会

（1）利用第一次会议填写单元格 1 和 6~11 的内容。

（2）以介绍幻灯片作为开场白，让参与者产生期待。

（3）单元格 1：

1）解释单元格的目的，并提供一些说明性示例。

2）请参与者单独写下他们对特定单元格内容的想法。

3）给所有参与者时间阅读其他利益相关者的所有想法，并投票选出五个最相关的想法。

（4）对于单元格 6~11，使用预先填充的画布引导对话。

1）请参与者保留或删除列出的备选条目，并提出新的建议。

2）请参与者投票选出前三个主题。

3. **完善数据治理战略画布**

    （1）将步骤 2 的结果填入单元格 2、3、4 和 5。

    （2）这是一项综合活动。必须将利益相关者提出的所有想法按照优先顺序填入画布的单元格 1、6~20。（请参阅第 5 章，了解每个单元格的内容）。

4. **需求反馈**

    （1）确保生成的画布上具有有效的日期和版本信息。

    （2）在画布上添加"草稿"水印。

    （3）现在是考察统筹能力和思考能力的时候了，将填写好的画布发送给所有参与定义画布的利益相关者，请他们提供反馈意见。确定提交反馈的截止日期，并明确指出，若不提供反馈，则表示默认接受了画布中的内容。

5. **获得批准**

    （1）根据收到的反馈意见进行全面调整。

    （2）更新版本并删除"草稿"水印。

    （3）将数据治理战略画布提交给参与定义的利益相关者批准，确保注明截止日期。

    （4）收集利益相关者的所有审批意见。

    （5）提交给发起人并获得批准。

6. **转到步骤 9：沟通与交际**

步骤 5 总结见表 7。

表 7　步骤 5 总结

	步骤 5：构建/更新数据治理战略画布
目标	• 确定数据治理战略目标 • 确认并补充数据管理战略中确定的数据治理职能，以满足业务需求、修正与数据相关的行为或修复与数据相关的痛点 • 确定运行数据治理实践所需的组织结构 • 识别要治理的对象（流程、报告、数据存储库、数据源、数据域等） • 确定开展数据治理实践的业务部门 • 确定数据管理衡量指标和 KPI，以衡量战略执行进度 • 确定执行数据治理战略的关键合作伙伴

（续）

	步骤 5：构建/更新数据治理战略画布
目的	• 确定组织中要逐步建立的数据治理能力的优先级 • 确定在一段时间内要分配/建立的数据治理角色和治理机构，以及它们将在组织中发挥作用的领域的优先级 • 确定组织中将要治理的数据相关对象的优先级 • 确定实施数据治理实践的部门的优先级 • 确定数据治理战略衡量指标和 KPI 的优先级
输入	• 数据一致性战略 • 数据管理战略 • 高优先级的数据管理动机 • 高优先级的数据相关不良行为 • 高优先级的数据痛点
技术和工具	• 审查/更新数据治理战略研讨会 • 特定数据管理职能画布模板 • 用于头脑风暴和评分的协作工具（例如 Mural、MS365 白板等） • 用于现场研讨会的"牛皮纸"技术
输出	• 数据治理战略画布
参与者	• 数据治理负责人和团队 • 被确定为高优先级的数据管理职能的代表（如果存在）
检查点	• 准备选定的协作工具或牛皮纸和模板 • 准备一个介绍性的幻灯片，明确指出在流程中的位置，以及对这一特定步骤的期望 • 根据目前已确定的信息，预填写数据管理职能画布 • 确保研讨会如期召开，以审查/更新数据治理战略画布 • 召开研讨会，审查/更新特定数据管理职能画布 • 获得最终反馈 • 获得批准

7.2.6　步骤6：构建/更新特定数据管理职能战略画布

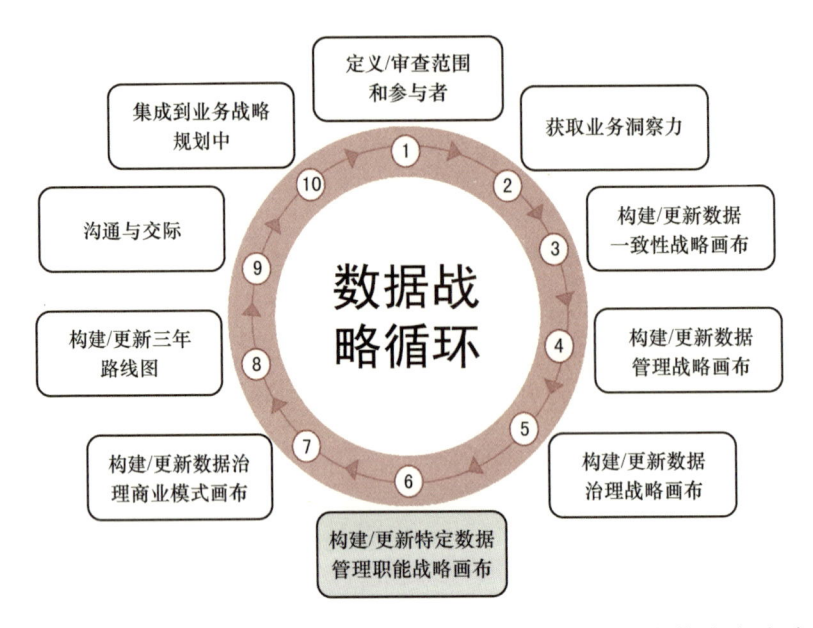

作为生成数据管理战略画布的一部分，数据管理职能被列为优先考虑事项。其中某些职能可能已经到位。例如，某种级别的数据存储和操作以及数据集成通常已经存在。这些职能的存在并不意味着它们已经成熟、得到充分治理或在战略上保持一致。不同的职能可能处于不同的成熟度水平。因此，数据战略会将它们与不同类型的目标联系起来。例如，如果元数据管理不存在，则短期目标应该是建立初始能力。如果数据存储已经存在，则短期目标应包括制定规章制度以确保各项流程得到适当的管理。正如第5章中三脚凳的比喻，最好一次并行不超过三个数据管理职能，而数据治理始终是这三个职能之一。

前面步骤5了讨论数据治理战略。接下来，为其他优先级的数据管理职能制定战略。特定数据管理职能战略画布（图30）与数据治理战略画布（图29）非常相似。可以看到，一旦绘制了数据管理战略画布，其余的工作就会变得相对容易。它们通过同一条线联系在一起：业务动机、与数据相关的痛点以及需要改进的与数据相关行为。它们对该战略的影响情况在单元格6~20逐项展开。

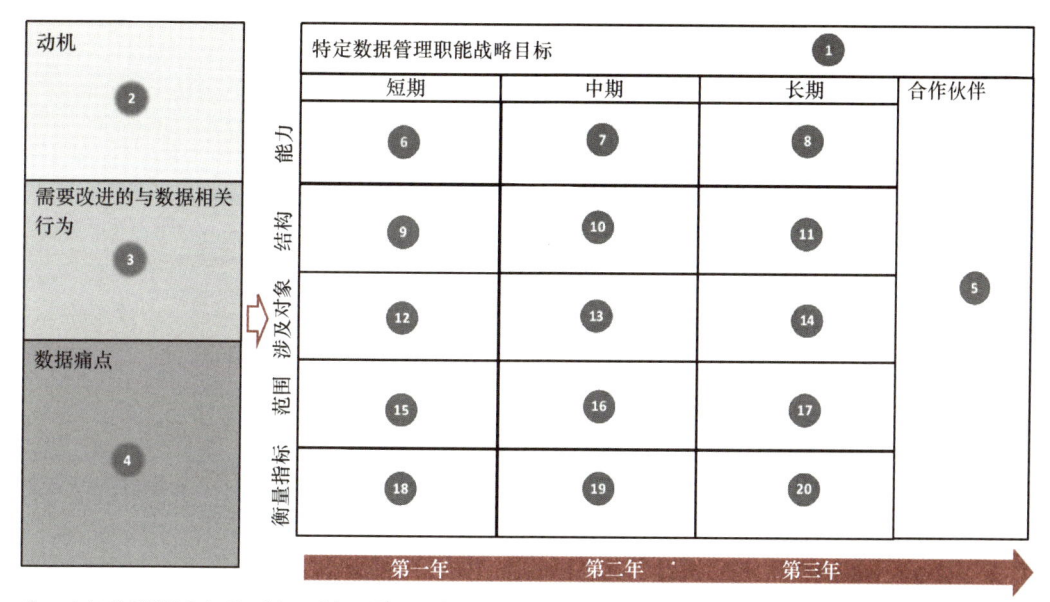

	特定数据管理职能战略目标 ①			
动机 ②	短期	中期	长期	合作伙伴
	能力 ⑥	⑦	⑧	
需要改进的与数据相关行为 ③	结构 ⑨	⑩	⑪	⑤
	涉及对象 ⑫	⑬	⑭	
数据痛点 ④	范围 ⑮	⑯	⑰	
	衡量指标 ⑱	⑲	⑳	
	第一年	第二年	第三年	

Copyright © 2023 Maria Guadalupe López Flores., Servicios de Estrategia y Gestión de Datos Aplicada,S.C., segda.com.mx

图 30　填写和阅读特定数据管理职能战略画布的顺序

步骤 6 的过程

1. **准备特定数据管理职能战略研讨会**

   （1）根据步骤 2 的输入、步骤 3 中生成的数据一致性战略、步骤 4 中生成的数据管理战略、步骤 5 中生成的数据治理战略及所有支持文件，为图 30 所示画布中的每个单元格准备一个项目列表。

   　　1）从步骤 2 中，可以得到单元格 2~5 的内容。在这种情况下，可能还需要与特定的合作伙伴一起完善单元格 5。

   　　2）在第一次研讨会上，必须准备从单元格 1 开始，然后到单元格 6~11。

   　　3）单元格 12~20 的内容将在第二次会议上讨论。

   （2）准备选定的协作工具，包括研讨会模板和项目列表的内容。

   （3）准备幻灯片作为会议的开场白。第一次会议最好介绍背景，描述举措、参与者领域、会议机制和研讨会目标。参与这一步骤的大多数利益相关者都没有参加过之前的会议，因此介绍背景是必要的和受欢迎的。

不要忘记展示时间轴，标明会议在其中的位置。在随后的会议中，可以附上上一次会议的总结和本次会议的目标。

(4) 根据目前掌握的信息，填写特定数据管理职能战略画布（图30）。

(5) 安排至少两次研讨会，以便有足够的时间确定单元格1和6~20的内容及其优先顺序。

2. 召开研讨会

(1) 利用第一次会议的结果填充单元格1和6~11的内容。

(2) 用介绍幻灯片作为会议开场白，让参与者产生期待。

(3) 对于单元格1：

1) 解释单元格的目的，并提供一些内容的说明性示例。

2) 请参与者分别写下对特定单元格内容的想法。

3) 给所有参与者时间阅读其他利益相关者的所有想法，并投票选出五个最相关的想法。

(4) 对于单元格6~11，使用预先填充的画布来引导对话：

1) 请参与者保留或删除列出的备选条目，并提出新的建议。

2) 请参与者投票选出前三个主题。

3. 完善特定数据管理职能战略画布

(1) 将步骤2的结果填入单元格2~5。本步骤中，单元格5可能会因为第一次会议中获得的其他输入而产生变化。

(2) 必须将利益相关者提出的所有想法按照优先顺序填入画布的单元格1、6~20。（请参阅第5章，了解每个单元格的内容。）

4. 需求反馈

(1) 确保生成的画布上具有有效的日期和版本信息。

(2) 在画布上添加"草稿"水印。

(3) 现在是考察统筹能力和思考能力的时候了，将填写好的画布发送给所有参与定义画布的利益相关者，让他们提供反馈意见。确定提交反馈的截止日期，并明确指出，若不提供反馈，则表示默认接受画布中的内容。

5. 获得批准

(1) 根据收到的反馈意见进行全面调整。

(2) 更新版本并删除"草稿"水印。

(3) 将特定数据管理功能画布提交给参与定义的利益相关者批准，确保注明截止日期。

(4) 收集利益相关者的所有审批意见。

(5) 提交给发起人并获得批准。

6. 转到步骤 9：沟通与交际

步骤 6 总结见表 8。

表 8 步骤 6 总结

	步骤6：构建/更新特定数据管理职能战略画布
目标	• 确定特定数据管理职能战略目标 • 确定特定数据管理职能在满足业务需求、修正数据相关行为或修复数据相关痛点方面所需的能力 • 确定开展特定数据管理职能实践所需的组织结构 • 确定特定数据管理职能的管理对象（流程、报告、数据存储库、数据源、数据域等） • 确定特定数据管理职能的应用范围或程度 • 确定特定数据管理职能衡量指标和 KPI，以衡量战略执行进度 • 确定特定数据管理职能战略的关键合作伙伴
目的	• 确定在组织中随着时间推移要建立的特定数据管理职能的优先级 • 确定在一段时间内分配/建立的特定数据管理职能角色和治理机构以及它们将在组织中发挥作用的领域的优先级 • 确定将应用这些特定数据管理职能的数据相关对象的优先级 • 确定将开展特定数据管理职能的部门的优先级 • 确定特定数据管理职能战略衡量指标和 KPI 的优先级
输入	• 数据一致性战略 • 数据管理战略 • 数据治理战略 • 数据治理商业模式 • 高优先级的数据管理动机 • 高优先级的数据相关不良行为 • 高优先级的数据痛点

（续）

	步骤 6：构建/更新特定数据管理职能战略画布
技术和工具	• 审查/更新特定数据管理职能战略的研讨会 • 数据管理职能画布模板 • 用于头脑风暴和评分的协作工具（例如 Mural、MS365 白板等） • 用于现场研讨会的"牛皮纸"技术
输出	• 数据管理职能画布
参与者	• 数据治理负责人和团队 • 特定数据管理职能小组
检查点	• 准备选定的协作工具或牛皮纸和模板 • 准备一个介绍性的幻灯片，明确指出在流程中的位置，以及对这一特定步骤的期望 • 根据目前已确定的信息预填写特定数据管理职能画布 • 确保研讨会如期召开，以审查/更新特定数据管理职能画布 • 召开研讨会，审查/更新特定数据管理职能画布

7.2.7　步骤 7：构建/更新数据治理商业模式画布

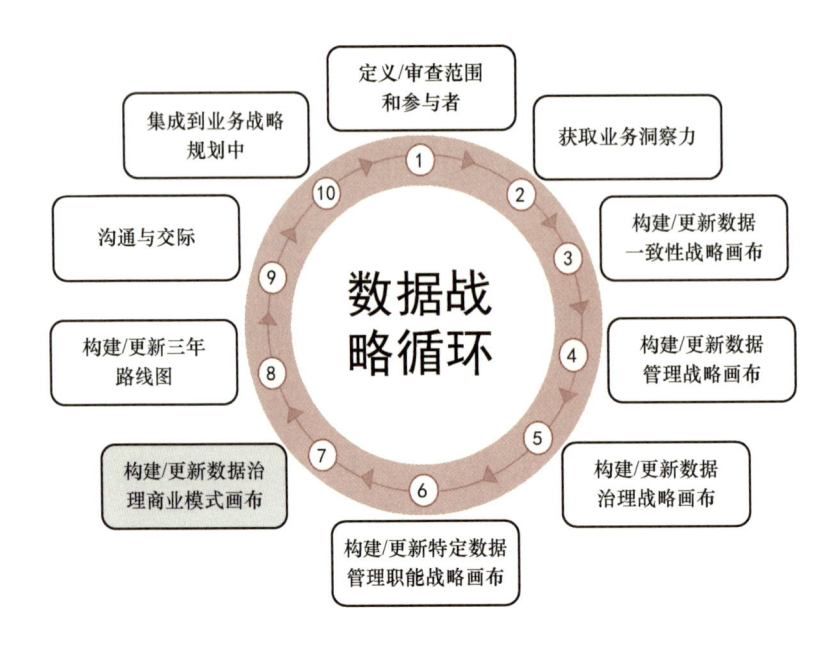

在第 5 章中，我们讨论了亚历山大·奥斯特瓦德的**商业模式画布**背后的力量。画布不仅可以应用于各种类型组织，还可以应用于组织内各种类型的职能。针对任何职能，始终有一个正在被服务的客户、针对该客户的价值主张以及为实现该主张而采取的行动。因此，可以利用这个画布对所有数据管理职能建模。数据治理是数据管理的核心职能，因此我们用数据治理来描述这一步骤。要使其他数据管理职能正式化，也必须对其采用同样的方法，即绘制相应的商业模式画布。记录这些商业模式对团队建设大有裨益，因为它们规定了要做什么、为谁做、谁将在这条路上提供帮助、成本是多少以及收益是什么。

图 31 显示了通用的商业模式画布，其中包含了在步骤 2 中确定的输入以及优先级排序。

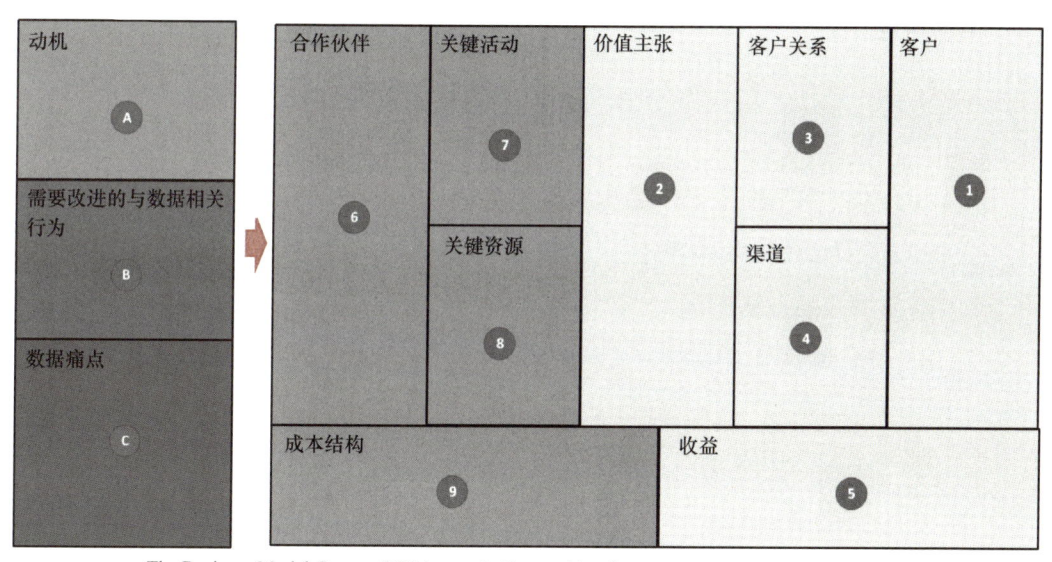

The Business Model Canvas CC License A. Osterwalder, Strategyzer.com www.strategyzer.com

图 31 填写和阅读数据治理商业模式画布的顺序

步骤 7 的过程

1. 准备数据治理商业模式研讨会

    （1）根据步骤 2 的输入、步骤 3 中生成的数据一致性战略、步骤 4 中生成的数据管理战略、步骤 5 中生成的数据治理战略和所有支持文件，为

图 31 所示画布中的每个单元格准备一个项目列表。

　　1）从步骤 2 中，可以获得单元格 A、B 和 C 的内容。

　　2）在第一次研讨会上，必须准备从单元格 1 开始，然后一直到单元格 5。

　　3）单元格 6~9 可能需要另一次会议。

（2）准备选定的协作工具，包括研讨会模板和项目列表的内容。

（3）准备幻灯片作为会议的开场白。即使各利益相关者已经参加了前面的步骤，每次会议都更新幻灯片并将其归档以供将来参考是很有帮助的。不要忘了介绍时间轴，标明本环节在其中的位置。在以后的会议中，可以附上上一次会议的总结和本次会议的目标。

（4）根据当前掌握的信息，填写数据治理商业模式画布（图 31）。

2. 召开研讨会

（1）至少安排两次研讨会，以便有足够的时间确定单元格 1、6~9 的内容并确定优先级。

（2）利用第一次会议讨论单元格 1~5 的内容。

（3）用介绍幻灯片作为会议开场白，让参与者产生期待。

（4）对于单元格 1：

　　1）解释单元格的目的并提供一些说明性示例。

　　2）要求参与者分别写下他们对特定单元格内容的意见。

　　3）给所有参与者时间阅读其他利益相关者的意见，并投票选出五个最相关的想法。

（5）对于单元格 6~9，使用预先填充的画布引导对话：

　　1）请参与者保留或删除列出的备选条目，并提出新的建议。

　　2）请参与者投票选出前三个主题。

3. 完善数据治理商业模式画布

（1）将步骤 2 的结果填入单元格 2、3、4 和 5。

（2）这是一项综合练习。必须将利益相关者提出的所有建议按照优先顺序填入画布的单元格 1、6~9 中。（有关每个单元格内容的描述，请参阅第 5 章。）

4. 需求反馈

(1) 确保生成的画布具有有效的日期和版本信息。

(2) 在画布上添加"草稿"水印。

(3) 现在是考察统筹能力和思考能力的时候了，将填写好的画布发送给所有参与定义画布的利益相关者，让他们提供反馈意见。确定提交反馈的截止日期，并明确指出，若不提供反馈，则表示默认接受画布中的内容。

5. 获得批准

(1) 根据收到的反馈意见进行全面调整。

(2) 更新版本并删除"草稿"水印。

(3) 将数据治理业务模式画布提交给参与定义的利益相关者审批，注明截止日期。

(4) 收集利益相关者的所有审批意见。

(5) 提交给发起人并获得批准。

6. 转到步骤9：沟通与交际

步骤7总结见表9。

表9 步骤7总结

	步骤7：构建/更新数据治理商业模式画布
目标	• 确定数据治理客户 • 确定数据治理价值主张 • 确定提供价值主张的数据治理服务 • 确定数据治理团队与客户的沟通渠道 • 确定如何维持关系以保持客户的兴趣和认可 • 确定实现价值主张所需的关键活动 • 确定实现价值主张所需的关键资源 • 确定支持数据治理实践的关键合作伙伴 • 向高层详述开展和维持数据治理实践的成本 • 向高层详述数据治理实践的收益
目的	• 就数据治理团队将开展的工作以及为哪些内部客户开展工作，在整个组织内设定明确的预期

(续)

	步骤7：构建/更新数据治理商业模式画布
输入	• 数据一致性战略 • 数据管理战略 • 高优先级的数据管理动机 • 高优先级的数据相关不良行为 • 高优先级的数据痛点
技术和工具	• 审查/更新数据治理商业模式研讨会 • 数据治理商业模式画布模板 • 用于头脑风暴和评分的协作工具（例如 Mural、MS365 白板等） • 用于现场研讨会的"牛皮纸"技术
输出	• 数据治理商业模式画布
参与者	• 数据治理负责人和团队
检查点	• 准备选定的协作工具或牛皮纸和模板 • 准备一个介绍性的幻灯片，明确指出在流程中的位置，以及对这一特定步骤的期望 • 根据目前已确定的信息，预填写数据治理商业模式画布 • 确保研讨会如期召开，以审查/更新数据治理商业模式画布 • 召开研讨会，审查/更新数据治理商业模式

7.2.8 步骤8：构建/更新三年路线图

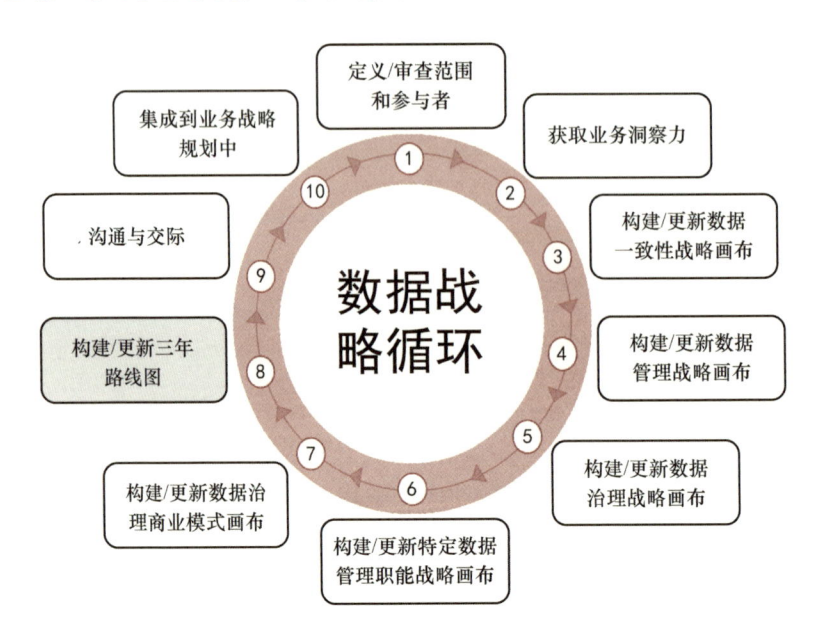

绘制数据管理战略画布（包括数据管理战略、数据治理战略和特定数据管理职能战略）对于管理通过数据管理计划在一段时期内实现预期至关重要。但是，要想清晰地展示在不同时间点的预期，最佳方法是绘制路线图。由于数据治理团队负责协调其他数据管理职能，因此首先要绘制的路线图是数据治理路线图（图 32~图 34）。一旦定义了该路线图和各数据管理职能战略，就可以为每个职能绘制路线图。

路线图中的里程碑直接来自数据管理战略和数据治理战略，周围用绿色标记的里程碑表示数据治理的活动。这对于设定和管理预期非常重要。必须明确的是，我们不会花费 1~2 年的时间仅仅建立数据治理能力。与此同时，我们按照数据管理和数据治理战略中确定的优先级开始实施治理。

因此，一个正式的基于能力的数据管理成熟度模型至关重要。明确定义的能力和成熟度级别目标相结合，就成为路线图中的里程碑。这样就可以直观体现年度目标的进展情况以及需要优先提升的能力。

路线图的第一年以成熟度评估所确定的基线水平为起点。第一年年底预估可以达到推演里程碑的成熟度水平。

路线图的第二年以第一年路线图结束时测量的成熟度水平为起点。第二年年底预估可以达到推演里程碑的成熟度水平，将成为第三年路线图的起点。

数据治理开展一年后，进行数据管理成熟度评估（理想情况下应基于证据而非直觉，以此消除任何主观因素），以确定组织实际达到的成熟度水平，并以此作为调整路线图的依据。

步骤 8 的过程

1. **准备数据治理路线图研讨会**

    （1）根据步骤 3 中生成的数据一致性战略、步骤 4 中生成的数据管理战略、步骤 5 中生成的数据治理战略以及所选择的数据管理成熟度模型，编写一份三年路线图草案。输入内容还包括基于当前最新评估的成熟度水平。

    （2）首先设定数据管理能力里程碑。

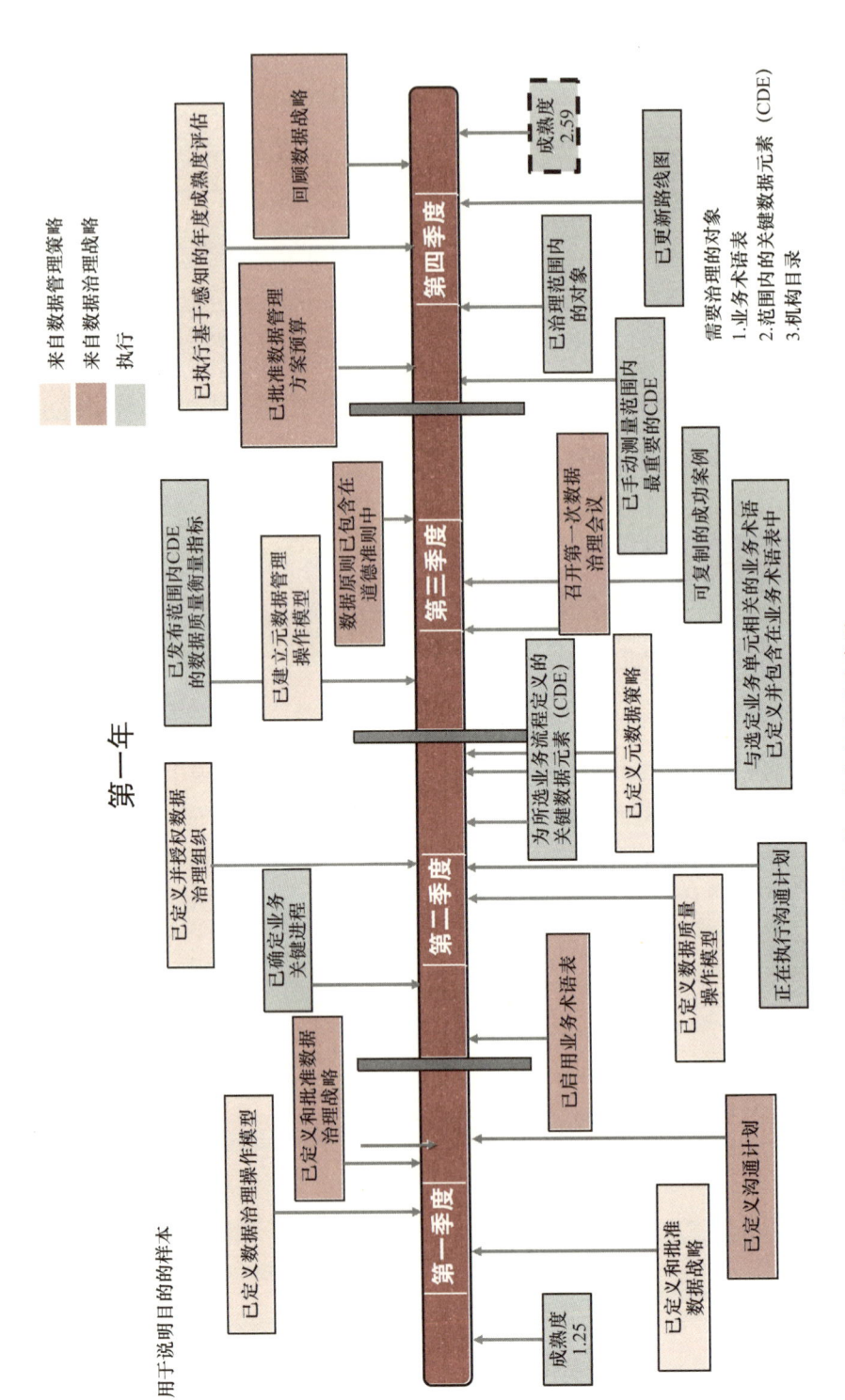

148 // 数据战略实践手册：十步落地敏捷务实的数据管理

图 32　第一年数据治理路线图

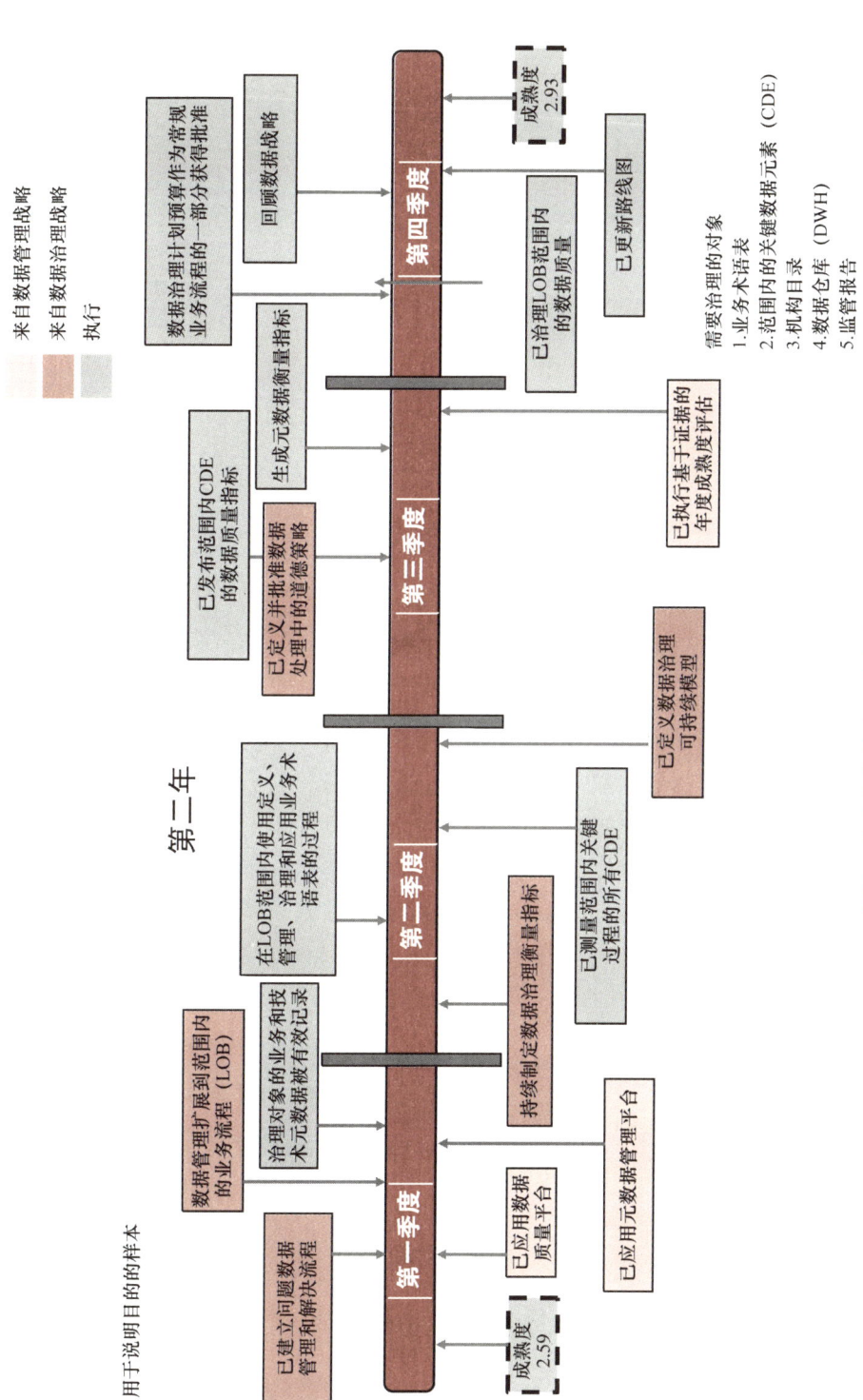

第 7 章 数据战略 PAC 方法：组件 3——数据战略循环

图 3.3 第二年数据治理路线图

150 // 数据战略实践手册：十步落地敏捷务实的数据管理

用于说明目的的样本

来自数据管理战略
来自数据治理战略
执行

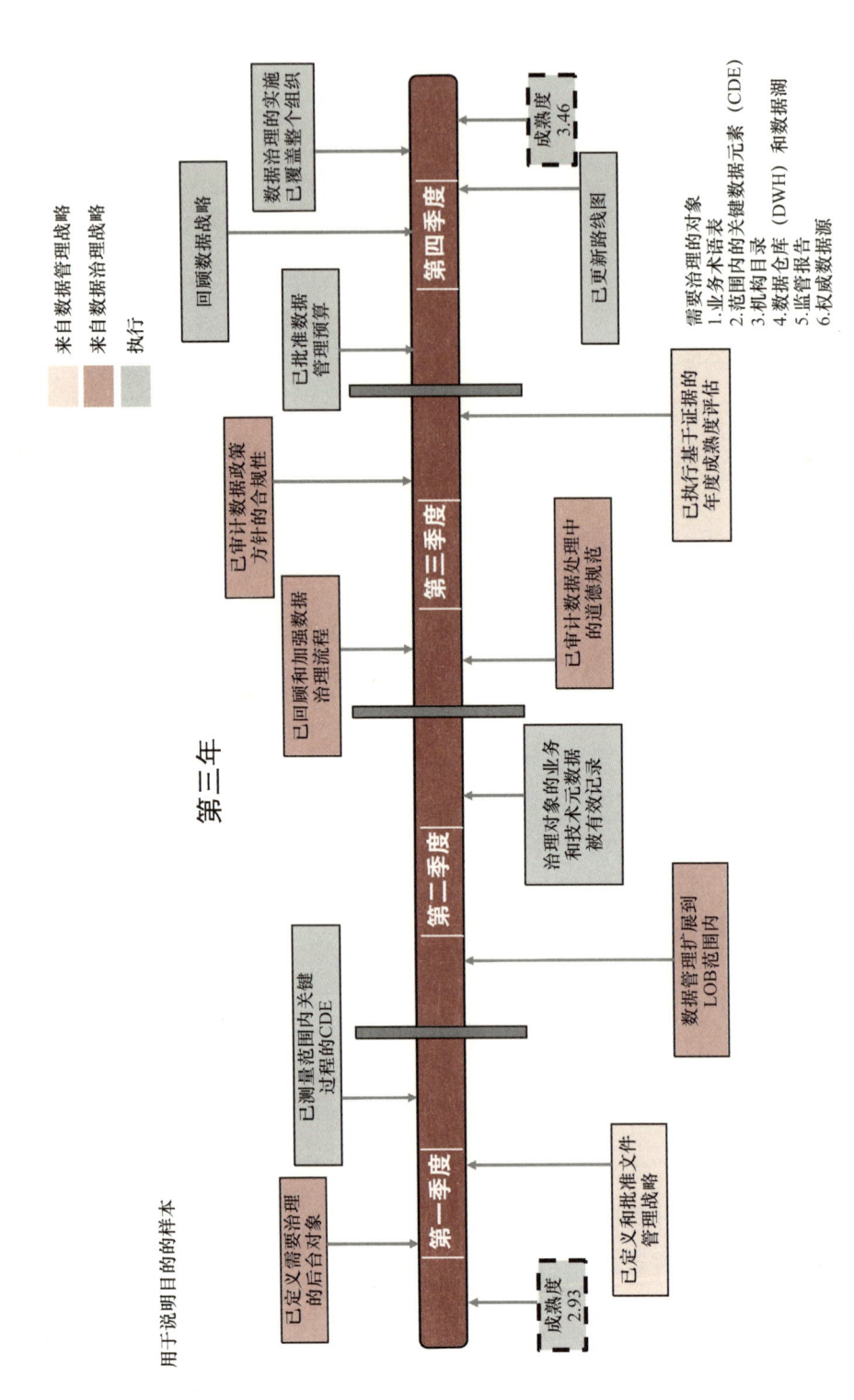

第三年

第一季度 | 第二季度 | 第三季度 | 第四季度

第一季度：
- 已定义需要治理的后合对象
- 已测量范围内过程的CDE
- 已定义和批准文件管理战略
- 成熟度 2.93

第二季度：
- 数据管理扩展到LOB范围内
- 治理对象的业务和技术元数据记录被有效记录

第三季度：
- 已审计数据政策方针的合规性
- 已回顾和加强数据治理流程
- 已审计数据处理中的道德规范

第四季度：
- 数据治理的实施已覆盖整个组织
- 回顾数据战略
- 已批准数据管理预算
- 已执行基于证据的年度成熟度评估
- 已更新路线图
- 成熟度 3.46

需要治理的对象
1. 业务术语表
2. 范围内的关键数据元素（CDE）
3. 机构目录
4. 数据仓库（DWH）和数据湖
5. 监管报告
6. 权威数据源

图34 第三年数据治理路线图

（3）根据数据管理战略，确定与短期、中期和长期优先级相关的里程碑，并沿着路线图设置这些里程碑。

（4）对数据管理战略采取同样的做法，确定与短期、中期和长期优先级相关的里程碑，并沿着路线图设置这些里程碑。

（5）根据制定数据管理战略和数据治理战略时提供的输入，确定表明数据治理进展的里程碑（发布业务术语表、数据治理委员会召开第一次会议、建立数据源查询服务、批准的第一套政策等）。

2. **召开研讨会**

（1）至少安排两次研讨会，以便有足够的时间完成并完善数据治理路线图。

（2）利用第一次会议补充数据治理路线图中的里程碑，并提高对所需工作的认识。务实一点，许多团队在第一年计划了太多的里程碑，但无法完成，这样会令人气馁。所以尽量不要过度承诺。

（3）利用第二次会议完善路线图，确保所有必要的里程碑都记录在案，并可以在三年内完成。这些里程碑的分布必须与数据管理战略和数据治理战略中定义的优先级相一致，同时还要考虑依赖关系。

3. **获得批准**

（1）根据收到的反馈意见进行全面调整。

（2）更新版本并删除"草稿"水印。

（3）将数据治理路线图提交给发起人以获得批准。

4. **转到步骤9：沟通与交际**

步骤 8 总结见表 10。

表 10　步骤 8 总结

	步骤8：构建/更新三年路线图
目标	• 根据数据管理战略和数据治理战略，确定未来三年要完成的里程碑 • 根据要完成的里程碑，设定每年预期的数据管理成熟度水平
目的	• 作为执行数据管理战略和数据治理战略的一部分，对整个组织将完成哪些工作及何时完成设定明确的期望

(续)

	步骤8：构建/更新三年路线图
输入	• 数据一致性战略 • 数据管理战略 • 数据治理战略 • 数据治理商业模式 • 高优先级的数据管理动机 • 高优先级的数据相关不良行为 • 高优先级的数据痛点
技术和工具	• 审查/更新数据管理路线图的研讨会 • 审查/更新数据治理路线图的研讨会 • 数据管理路线图模板 • 数据治理路线图模板 • 用于头脑风暴和评分的协作工具（例如 Mural、MS365 白板等） • 用于现场研讨会的"牛皮纸"技术 • 与运营计划相关联的绘图技术
输出	• 数据管理三年路线图 • 数据治理三年路线图
参与者	对于数据管理路线图： • 数据管理主管 • 数据治理主管和团队 • 数据管理功能优先级排序 对于数据治理路线图： • 数据治理负责人和团队
检查点	• 准备选定的协作工具或牛皮纸和模板 • 准备一个介绍性的幻灯片，明确指出在流程中的位置，以及对这一特定步骤的期望 • 起草数据管理路线图并开始讨论 • 确保研讨会如期召开，以审查/更新数据管理和数据治理路线图 • 召开研讨会，审查/更新数据管理和数据治理路线图

7.2.9 步骤9：沟通与交际

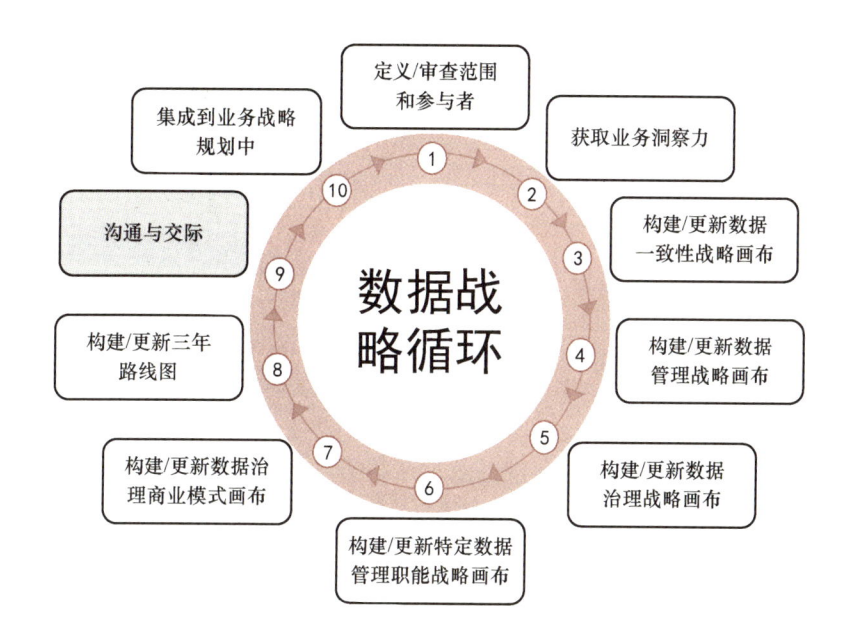

数据战略循环图：
1. 定义/审查范围和参与者
2. 获取业务洞察力
3. 构建/更新数据一致性战略画布
4. 构建/更新数据管理战略画布
5. 构建/更新数据治理战略画布
6. 构建/更新特定数据管理职能战略画布
7. 构建/更新数据治理商业模式画布
8. 构建/更新三年路线图
9. 沟通与交际
10. 集成到业务战略规划中

解决数据管理难题的最重要一点就是沟通。我们已经讨论过使用画布促进沟通的好处。如果我们绘制了画布并将其放在抽屉里，那么它们就毫无价值。数据战略举措是一个持续的过程，必须在整个组织内广泛传播宣导。要想取得成功，就必须制定明确的沟通战略。这一战略从目标开始。确定需要随时了解数据管理情况的不同受众，考虑与受众取得联系的不同方式，不仅包括电子媒介（如内部网、电子邮件），还包括各种论坛（你可以在那里提出这一主题），或者可以沟通数据战略的内部活动。如果企业或机构存在沟通社区，请与他们一起努力。

在实施数据治理时，很多人几乎不考虑沟通问题，而在讨论数据管理时更是如此。但沟通对成功至关重要。没有对沟通进行规划意味着许多利益相关者不了解数据治理的意义，不了解数据管理职能部门的工作和监督内容，也不了解它们提供的服务以及期望从服务中得到什么。

在沟通与交际步骤中，要确定数据战略的营销方式。为此，必须考虑以下事项：

- 目标受众。
- 沟通信息的类型。
- 各种沟通媒介的可用性和有效性。
- 沟通论坛（如指导委员会或常设委员会）。
- 组织文化。
- 沟通战略。
- 沟通活动计划。

请记住，沟通的核心是人——你要将信息传递给利益相关者。确定可用的沟通渠道很重要，但更重要的是了解这些渠道的有效性。例如，如果有一个内部网站，但员工很少访问，那么它就不是一个有效的渠道。如果你想使用它，就要给人们一个访问它的理由。电子邮件是一种简单而常见的沟通渠道，但大多数人并不会阅读他们收到的那些海量的电子邮件。如果邮件数量较多，使用电子邮件有可能让你的信息很快被埋没其中而无人问津。如果已经有一个用于数据管理或数据治理目的的网站，它将是发布有关数据战略举措、进展信息和各类画布的信息的绝佳场所。如果还没有网站，那么可以作为举措的一部分建立一个。无论如何，你都必须让人们知道它的存在，并推广它的使用。

步骤9的过程

1. **定义沟通战略**

    （1）希望实现的战略目标。

    （2）希望覆盖的受众群体。

    （3）可用的沟通渠道。

    （4）为沟通提供帮助的合作伙伴。

    （5）希望沟通信息的类型。

    1）意识：由于缺乏数据管理而产生影响的内部信息图表。

    2）信息性：数据战略要素的定义。

3）举措进展：数据战略执行进度的更新。

2. 纳入单位的宣传计划

(1) 执行沟通战略最有效的沟通渠道。

(2) 单位宣传部门的参与程度。

(3) 沟通信息所需的审批级别。

(4) 最佳沟通活动。

(5) 如果信息不是由宣传部门传达，应遵循的政策。

(6) 你的团队可以与宣传部门进行业务互动。

3. 探索新思路

(1) 午餐学习会议（面对面或虚拟会议）。

(2) 内部播客（邀请利益相关者分享成功案例）。

(3) 数据战略掘金（设计精美、吸引眼球的简短信息，以吸引注意力）。

4. 让数据战略发起人参与沟通

(1) 让发起人围绕数据战略记录强有力的信息。

(2) 让发起人建立长期参与指导委员会的机制，以便向其展示数据战略的进展情况。

5. 定义内容网格

(1) 信息的类型。

(2) 信息的目的。

(3) 文案（将要传达的实际信息）。

(4) 呼吁行动。

(5) 传达信息的日期。

6. 制订沟通计划

(1) 考虑所有不同的沟通渠道和创造性的备选方案。

(2) 考虑任何正在进行或计划进行的沟通活动。

(3) 考虑审批时间。

7. 执行沟通计划

步骤 9 总结见表 11。

表 11　步骤 9 总结

	步骤9：沟通与交际
目标	• 制定沟通战略 • 纳入单位的宣传计划 • 确保所有利益相关者都能看到他们对数据战略所做贡献的成果 • 确保整个组织的人员都了解数据战略 • 确保数据战略画布易于查找和访问
目的	• 确保数据战略向组织全体开放 • 设定整个组织对数据管理和数据治理计划将实现目标的期望
输入	• 数据一致性战略 • 数据管理战略 • 数据治理战略 • 数据治理商业模式 • 具体职能的数据管理战略
技术和工具	• 内容网格 • 行政汇报 • 沟通战略模板
输出	• 数据管理沟通战略 • 数据战略内容网格 • 沟通的内容
参与者	• 宣传部门 • 数据治理负责人和团队
检查点	• 定义沟通战略 • 纳入单位的宣传计划 • 收集有关数据问题及其影响的可靠信息 • 准备内容矩阵 • 制订沟通计划 • 获得批准 • 执行计划

7.2.10　步骤 10：集成到业务战略规划中

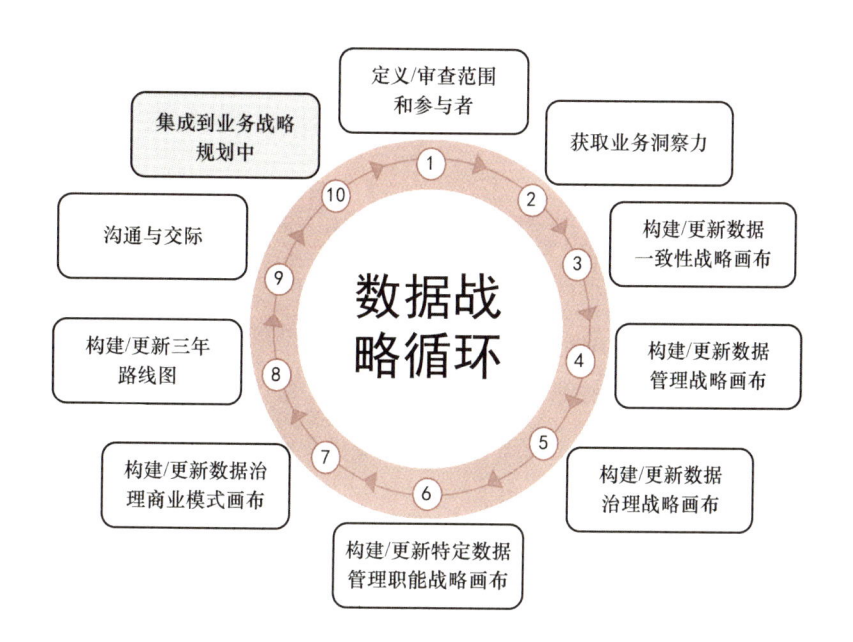

数据战略循环图：
1. 定义/审查范围和参与者
2. 获取业务洞察力
3. 构建/更新数据一致性战略画布
4. 构建/更新数据管理战略画布
5. 构建/更新数据治理战略画布
6. 构建/更新特定数据管理职能战略画布
7. 构建/更新数据治理商业模式画布
8. 构建/更新三年路线图
9. 沟通与交际
10. 集成到业务战略规划中

可持续性是成熟数据管理计划的一个重要特征。这意味着需要年度预算支持数据管理实践。必须在持续和不断发展的能力建设过程中充分了解年度预算需求。在每个项目开始时都重新解释一遍数据管理计划不是一个好的选择。为了避免这种情况发生，步骤 10 旨在将数据管理目标和举措整合到组织的业务战略规划中，并使其成为规划周期的一部分。

这一步骤的另一个基本原则是确保数据战略与企业战略保持一致。作为年度战略规划的一部分，关键利益相关者需要分析业务环境，设定组织的战略方向。这一过程不仅需要将数据作为重要考虑因素，还需要数据管理发起人的参与。为了实现这一目标，需要通过强有力的商业案例让领导者参与到战略规划和财务事务中。

步骤 10 的过程

1. 创建一个商业案例

    （1）量化最重要的数据相关痛点的影响。

    （2）量化因无法应对最优先的业务问题而造成的机会成本损失。

    （3）量化没有数据战略所造成的影响（例如基于过去购买了技术平台但并未充分利用的案例）。

    （4）量化找不到数据信息所带来的成本。

    （5）量化拥有数据战略的收益，不仅在降低成本方面，还有因为数据战略的准确洞察所带来的业务价值方面的收益。

2. 为短期内确定的每个数据管理举措准备一份章程

3. 准备涵盖了数据治理启动及运营的年度预算及章程

4. 准备一份执行总结，内容包括：

    （1）数据战略章程。

    （2）参与的部门。

    （3）数据治理路线图。

    （4）链接到数据战略画布。

    （5）年度预算。

5. 纳入单位的宣传计划

    （1）由数据战略发起人介绍数据战略举措。

    （2）就如何、何时以及向谁报告数据战略的进展达成一致。

    （3）收集反馈。

    （4）定义如何将数据战略流程纳入企业规划流程的高级流程。

    （5）获取关于建议流程的反馈。

    （6）获得批准。

    （7）转到步骤 9，就最终流程进行沟通。

步骤 10 总结见表 12。

表 12　步骤 10 总结

步骤10：集成到业务战略规划中	
目标	• 将数据战略纳入企业战略规划 • 建立对数据资产的认识，将数据资产与其他资产同等对待 • 让人们意识到数据管理是一个需要持续资金投入的项目
目的	• 参与企业规划 • 参与财务事务
输入	• 数据一致性战略 • 数据管理战略 • 数据治理战略
技术和工具	• 高层级汇报
输出	• 年度数据战略审查时间表
参与者	• 数据战略发起人 • 数据治理负责人和团队 • 企业规划 • 财务部门
检查点	• 记录商业案例 • 准备一份有关数据战略流程和已批准的数据战略的幻灯片 • 让企业战略规划团队参与进来 • 就如何将数据战略纳入企业战略规划达成一致意见 • 让财务团队参与进来 • 根据数据战略，就如何管理数据管理年度预算达成一致意见

7.3　关于工具的简单说明

我们展示的所有战略画布都依赖于幻灯片模板。这只是一种简单的入门方式。可以想象，有更好的、更具动态的、更敏捷的方式来展现这些画布。大多数企业架构工具都能用来创建自定义的画布，并可以将其链接到其他企业工具（企业战略、业务流程、角色、管理机构、应用架构、技术架构等）。可以使用这些工具来获取画布的内容，并记录创建方式、时间和创建者。这些工具还可以在线进行变更追溯，因此当某个对象发生变更时，变更也会体现在链接的对象中。如果没有企业架构工具，也可以使用一些开源工具。一旦创建了数据战略画布，这些工具还可以将各画布导出为图像，以方便组织交流。

您还可以探索其他协作工具，来简化研讨会过程中信息的获取和使用。

7.4 建立所有要点间的联系

数据战略 PAC 方法的三个组件中的所有元素都是相互关联的，能够随时在它们之间进行跟踪。例如，为数据战略制订运营计划时，可以将每项活动映射到路线图中的一个里程碑上。而这些路线图上的里程碑又来自每个数据战略画布。每个数据战略画布的内容都与数据战略循环步骤 2 中定义的输入相呼应，这些输入包括业务问题、动机、需要改进的行为以及与数据相关的痛点。随着数据战略循环的推进，就可以理解它们之间的相互关联以及这一切存在的意义。与利益相关者沟通时，请通过强调这些联系来帮助他们明白要实现的目标以及为实现这些目标所需的细节。

数据战略的有效维护是一个持续的过程。完成数据战略画布并不意味着工作的结束。实际上，最艰难的执行工作从这时才刚刚开始。这项工作需要监督这些战略对数据相关活动的指导作用，让组织能够从数据中获得更多价值。

7.5 关键概念

数据战略循环是一组每年至少重复一次、包括十个步骤的周期性的行为。实施该循环的最终目的是将数据战略审查纳入组织的年度战略规划。这极大地有助于管理者将数据和信息作为战略资产进行管理。

7.6 牢记事项

1. 第一个成功因素是让代表各部门的关键利益相关者参与到数据一致性战略的制定工作中,因为他们的意见以及他们对战略的优先级排序将对其余数据战略的制定起到推动作用。
2. 第二个成功因素是认真准备每次研讨会,并在会议期间做好时间管理。
3. 第三个也是同样重要的成功因素是与参与这一过程的所有利益相关者保持有效的沟通,使他们了解自己的贡献是如何转化为数据战略的,以及战略是如何随着时间推移而一步步执行的。

7.7 数据战略名家访谈

受访对象:达内特·麦吉利夫雷(Danette McGilvray)㊀

达内特·麦吉利夫雷是一位国际知名的数据质量专家。她指导来自不同组织的领导者和员工通过数据质量及治理来提高组织的商业价值。这种数据收益方法有利于聚焦重点领域(如针对安全、分析、数字化转型、人工智能、数据科学和合规性等方面)的举措。

达内特是 Granite Falls Consulting 公司的总裁和负责人。她致力于合理使用技术手段,并通过有效的沟通和变革管理解决数据管理中人的方面的问题。

达内特是《数据质量管理十步法:获取高质量数据和可信信息》(第二版)(Elsevier/Academic Press,2021)的作者。她在这本书中分享了在多个国家和地区的多个行业中执行数据质量管理方法的成功案例。她的书在该领域常被人奉为"经典",这本书也是社交媒体对话中的"十大"数据管理书籍之一。同时,她是《领导者的数

㊀ Danette McGilvray,https://www.linkedin.com/in/danette-mcgilvray-bb9b85/

据宣言》（请参阅 dataleaders.org）的合著者并监督将其翻译成 21 种语言。

鉴于您作为数据质量顾问的经历中所积累的丰富经验，在您的客户组织中，明确定义了横向数据战略来指导数据相关工作并响应业务战略的情况多吗？

当我应邀帮助一家企业满足其数据质量或治理需求时，经常会发现存在以下两种情况：

- 在整个组织中数据管理职能分散，缺乏横向数据战略。
- 尽管存在总体的横向数据战略（通常是新定义的），但缺乏实施该战略的具体步骤。

在第一种情况下，制定一个横向的数据战略可以整合已经完成的工作。这样组织就可以发挥协同作用，协调各级的工作，充分利用资源，避免重复工作。

在第二种情况下，"细节决定成败"。这种情况下，必须有一个良好的实施计划，同时也必须有具有完备知识和技能的工作人员参与其中。此外，需要注意决定数据战略最终成功实施的关键是对人为因素的关注。

您认为数据战略在数据质量计划的成败中扮演了什么样的角色？

一个横向整合的数据战略为数据质量计划提供了总体框架。它使数据质量计划的建立和维护变得更加容易。因为高质量、可信的数据所需的所有能力、角色、流程和技术等都已确定，并且它们之间的关系已很明确。与数据有关的一切——包括数据战略——都必须首先从组织的业务需求出发。这里所说的业务需求是指那些对组织来说最重要的事情，即提供产品和服务、满足客户需求、管理风险、增加业务价值、实施战略、实现目标、解决问题并抓住机会。无论哪个方面，都要了解业务需求以及支持这些需求的数据。

从整体上看待数据质量，这意味着数据管理的每个方面，从元数据、数据架构到主数据管理等，都是为了获得高质量、可信的数据。数据质量意味着整个数据生命周期中都将数据、流程、人员和技术视作一个整体。整体的视角还涉及人的因素、沟通和道德伦理——这对于建立可信的数据至关重要。在这方面，数据战略应该发挥引领作用。

在没有数据战略的情况下，也可能建立数据质量计划，但是这个过程会比较缓慢。为了使数据满足业务需求，所有上述要素都必须协同工作。拥有数据战略可以简化建立数据质量计划的构建。数据战略具有基础性和长期性，这增加了数据战略各个组成部分（包括数据质量）持续获得资金支持和得到适当关注的机会。

从您的角度来看，谁负责推动数据战略的创建和维护？哪些利益相关者需要参与这一过程？

如果 CDO（首席数据官）在组织中是高管或高层领导角色，那么 CDO 就是推动创建和维护数据战略的最佳人选。CDO 应对数据战略负责，并确保得到其他高管和董事会的支持。CDO 可以将一些领导战略的责任委派给其他人，推动利益相关者参与并提出意见。这些负责人可能在组织中扮演不同的角色，但应该包括数据治理、数据质量和/或数据管理的企业级数据相关工作人员。

如前所述，我们关心数据是因为它可以支持业务需求。因此，将来自不同业务职能部门的高管（和/或高级领导）纳入数据战略的创建和维护中就是至关重要的。

如果不借助恰当的 IT 技术，就不可能进行有效的数据管理。因此，确保 IT 技术团队中的高管（和/或高级领导）参与战略制定也至关重要。

运行良好的数据治理流程还可以促进数据战略的制定和维护。因此，在这个过程中，需要将有权做决策的人和有能力做出正确决策的人聚集在一起（他们可以代表业务、数据和技术观点）。

建立完整、横向的数据战略是成功实现数据管理计划的基础，新任数据治理负责人应该如何让高级管理层认识到这一点，并从中获得支持？对此您有什么建议？

要提高对数据战略的认识并获得支持，关键在于回答"为什么"："我为什么要关心？""为什么这很重要？"如果他们支持数据战略，就花时间收集相关的实例来展示"对他们有什么好处"（WIIFT）。有许多我称之为业务影响技术的方法可以帮助我们实现这一目标。这里举几个例子：收集并讲述一些有趣的数据故事，让数据和数据战略生动地呈现在受众面前；将数据和数据战略的作用与业务需求联系起来；展示没有数据战略的风险，等等。

找到那些已经了解良好数据重要性的人。他们往往已经感受过低质量数据所带来的痛苦，并亲历了因缺乏高质量数据而导致业务计划破产的情况。

首先与那些有意愿的人合作。你的成功会吸引其他人参与进来。如果有人公开反对，请倾听他们的理由。他们可能有合理的顾虑，你可以帮他们解决引起这些顾虑的问题。找到其他可以影响这些反对者的人，或者至少让反对者停止大喊大叫。

在组织的各个层面培养对数据表现出友好态度的合作伙伴，或建立起一个由支持者组成的联盟。向他们传达沟通的要点，鼓励他们倾听，并要求他们在自己的圈子中采取行动。当然，你永远无法亲自接触到每个人。

建立沟通/意识/变更管理计划，并将其付诸实施。与组织中具备这些技能的人合作。请记住，与人合作并解决人的因素（我强调得足够多了吗?）并不会妨碍你的数据战略工作。相反，它是你的工作中一个不可或缺的组成部分。这是取得成功的必要条件！

7.8 结束语

这部作品的灵感来源于极具洞察力的书籍以及数据管理领域的专家们。如果它现在能够激发您的某种灵感，那么我写作所付出的所有努力就都是值得的！

希望您可以访问本书的配套网站来查找模板、研究案例、画布示例等。

7.9 配套网站

在这个配套网站中可以找到：

- 书中的一些图片。
- 可供使用的模板。
- 填充画布的样本。

- 与本书主题相关的其他资源。

同时，也十分欢迎您在此网站留下您对本书的评论、推荐语或者使用数据战略 PAC 方法时的宝贵经验。

https://segda.mx/